循序渐进
Vue.js 3
前端开发实战

张益珲 编著

清华大学出版社
北京

内 容 简 介

本书以一个多年前端"老司机"的视角，循序渐进地介绍当前流行的前端框架 Vue.js 3 的新特性、各项功能及其在商业开发中的应用。全书共 15 章，第 1~6 章介绍 Vue.js 3 的模板、组件、交互处理等基础知识；第 7 章介绍 Vue.js 3 框架的响应式原理及组合式 API；第 8 章介绍使用 Vue.js 3 框架开发前端动画效果；第 9 章介绍开发大型项目必备的脚手架工具 VueCli 和 Vite；第 10 章介绍基于 Vue.js 3 的 UI 框架 Element Plus；第 11~13 章分别介绍网络请求框架 vue-axios、路由管理框架 Vue Router、状态管理框架 Vuex；第 14 章和第 15 章介绍两个相对完整的项目的开发，即学习网站和电商后台系统。本书试图介绍 Vue.js 3 全家桶及周边框架和工具的综合应用，旨在使读者通过阅读本书开发自己的应用程序。本书还在各章安排了小型范例和练习题，并提供了教学视频、源代码及 PPT 课件。

本书既可以入门，也可以进阶，适合 Vue.js 3 初学者和前端开发人员使用，也可以作为网课、培训机构与大中专院校的教学用书。

本书封面贴有清华大学出版社防伪标签，无标签者不得销售。
版权所有，侵权必究。举报：010-62782989，beiqinquan@tup.tsinghua.edu.cn。

图书在版编目（CIP）数据

循序渐进 Vue.js 3 前端开发实战 / 张益珲编著.—北京：清华大学出版社，2021.12（2022.8重印）
ISBN 978-7-302-59565-6

Ⅰ.①循… Ⅱ.①张… Ⅲ.①网页制作工具－程序设计 Ⅳ.①TP393.092.2

中国版本图书馆 CIP 数据核字（2021）第 232842 号

责任编辑：王金柱
封面设计：王　翔
责任校对：闫秀华
责任印制：曹婉颖

出版发行：清华大学出版社
网　　址：http://www.tup.com.cn, http://www.wqbook.com
地　　址：北京清华大学学研大厦 A 座　　　邮　　编：100084
社 总 机：010-83470000　　　　　　　　　　邮　　购：010-62786544
投稿与读者服务：010-62776969, c-service@tup.tsinghua.edu.cn
质 量 反 馈：010-62772015, zhiliang@tup.tsinghua.edu.cn

印 装 者：三河市天利华印刷装订有限公司
经　　销：全国新华书店
开　　本：190mm×260mm　　印　张：21　　字　数：538 千字
版　　次：2022 年 1 月第 1 版　　　　　　　印　次：2022 年 8 月第 4 次印刷
定　　价：79.80 元

产品编号：091192-01

前　　言

当下互联网已经成为人们生活中必不可少的一部分，无论是在互联网上查询信息、玩游戏，还是通过互联网购物、付款，都离不开成千上万的互联网应用程序的支持。不知你有没有想过，这些互联网应用是如何开发出来的呢？开发一个外观精美、功能强大的网站需要多长时间？我们是否具备这样的能力来将自己的想法、创意开发成产品？如果你曾有过类似的思考，那么本书可以帮你快速掌握这一技能。

阅读任何一本图书的过程本身就是一个学习的过程，扩展自己的知识边界、提高自己的技能水平可能并非一件容易的事，但却是一件有趣的事。如果你能够自主开发功能完备的商业项目，能够通过自己开发的应用程序为更多的人带来生活上的帮助，这一定是一件非常令人快乐的事情。因此，若要品尝幸福的果实，一定要经历开花结果过程中的辛劳，本书会尽量帮助你将这一过程缩短。

突出应用开发的内容安排

在章节安排上，本书共分15章。从前端基础讲起，深入浅出地介绍了Vue.js框架的功能用法及实现原理。并且，几乎每一章的最后都安排了实践与练习，力求能使读者边学边练，快速且扎实地掌握Vue.js框架的方方面面，并且可以真正使用它开发出商业级别的应用程序。

第 1 章是本书的入门章节，简单介绍了前端开发必备的基础知识，包括 HTML、CSS 和 JavaScript 这 3 种前端开发必备的技能。这些虽然不是本书的重点，但却是学习 Vue 前必须掌握的基础技能，如果读者在阅读本章时对书中所介绍的技术不甚了解，建议还是先不要阅读后续章节，毕竟没有基础，应用将无从谈起。

第 2 章介绍 Vue 模板的基本用法，包括模板插值、条件与循环渲染的相关语法。这些功能是 Vue.js 框架提供的基础功能，使用它们能使我们在开发网页应用时事半功倍。

第3章介绍了Vue组件中属性和方法的相关概念，将使用面向对象的思路来进行前端程序开发，本章的最后会通过一个功能简单的登录注册页面来对读者的掌握情况进行检验。

第4章将介绍前端应用中用户交互的处理方法，一个网页如果不能进行用户交互，那么将如一潭死水，毫无生机，用户交互为应用程序带来灵魂。本章除了介绍基础的网页用户交互的处理外，还将结合Vue.js来讲解如何在Vue.js框架中更加高效地处理用户交互事件。

第 5 章和第 6 章将由浅入深地介绍 Vue.js 中组件的相关应用。组件是 Vue.js 框架的核心，在实际的应用开发中，更是离不开自定义组件技术。有了组件，我们才有了开发大型互联网应用的基础，组件使得项目的结构更加便于管理，工程的可维护与可扩展性大大提高，且组件本身的复用性也使开发者可以大量使用第三方模块或将自己开发的模块作为组件供各种项目使用，极大地提高了开发效率。

第7章介绍Vue.js框架的响应式原理，以及Vue.js 3.0版本引入的组合式API新特性。本章是对读者开发能力的一种拔高，引导读者从实现功能到精致逻辑设计的方向进步。

第 8 章将介绍通过 Vue.js 框架方便地开发前端动画效果。动画技术在前端开发中也非常重要，前端是直接和用户面对面的，功能本身只是前端应用的一部分，更重要的是给用户带来良好的体验，合理地使用动画是提升用户体验的一大法宝。

第9章会给读者介绍开发大型项目必备的脚手架VueCli的基本用法，管理项目、编译打包项目都需要使用此脚手架工具；本章还介绍了Vue CLI与新一代前端构建工具Vite的优缺点以及Vite的简单使用。

通过前9章的学习，对于Vue.js框架本身的功能与用法基本学习完毕。但是对于开发一款商业级的互联网应用，这还远远不够，第10章将介绍样式美观且扩展性极强的基于Vue.js的UI框架Element Plus；第11章将网络请求框架vue-axios；第12章将介绍一款非常好用的Vue应用路由管理框架Vue Router；第13章会介绍强大的状态管理框架Vuex，使用它开发者可以更好地管理大型Vue项目各个模块间的交互。

第14章和第15章将通过两个相对完整的应用项目来全面地对本书涉及的Vue.js技能进行综合应用，帮助读者学以致用，更加深入地理解所学习的内容。

实用丰富的配套资源

为使读者能够轻松地掌握本书内容，本书录制了配套的视频教程，对于初学者来说，通过观看教学视频，可以大幅降低学习难度，提升学习效率，可以说是物超所值。读者扫描本书的二维码即可观看。

本书还提供了源代码和PPT课件，以方便读者上机演练和巩固学习成果，读者扫描以下二维码即可下载：

如果你在下载过程中遇到问题，可发送邮件至booksaga@126.com获得帮助，邮件标题为"循序渐进Vue.js 3前端开发实战"。

最后，对于本书的出版，要感谢支持我的家人和朋友，感谢清华大学出版社王金柱编辑的辛勤付出。在王编辑的指导下，才能完成本书的选题策划、章节规划、内容修正等工作。重中之重是，感谢读者们的耐心，由衷地希望本书可以带给你预期的收获。无论是学习还是工作，都希望你在阅读本书后能够更上一层楼。同时，由于时间仓促和能力所限，书中难免存在疏漏之处，希望读者不吝指教。

编 者
2021 年 10 月 18 日　上海

目　　录

第 1 章　从前端基础到 Vue.js 3 1
1.1　前端技术演进 2
1.2　HTML 入门 3
1.2.1　准备开发工具 3
1.2.2　HTML 中的基础标签 5
1.3　CSS 入门 8
1.3.1　CSS 选择器入门 8
1.3.2　CSS 样式入门 11
1.4　JavaScript 入门 14
1.4.1　为什么需要 JavaScript 14
1.4.2　JavaScript 语法简介 16
1.5　渐进式开发框架 Vue 18
1.5.1　第一个 Vue 应用 18
1.5.2　范例：实现一个简单的用户登录页面 19
1.5.3　Vue 3 的新特性 21
1.5.4　为什么要使用 Vue 框架 22
1.6　小结与练习 23

第 2 章　Vue 模板应用 24
2.1　模板基础 25
2.1.1　模板插值 25
2.1.2　模板指令 28
2.2　条件渲染 29
2.2.1　使用 v-if 指令进行条件渲染 30
2.2.2　使用 v-show 指令进行条件渲染 32
2.3　循环渲染 33
2.3.1　v-for 指令的使用方法 33
2.3.2　v-for 指令的高级用法 36
2.4　范例：实现待办任务列表应用 37
2.4.1　步骤一：使用 HTML 搭建应用框架结构 37

    2.4.2 步骤二：实现待办任务列表的逻辑开发 38
  2.5 小结与练习 40

第 3 章　Vue 组件的属性和方法 41

  3.1 属性与方法基础 41
    3.1.1 属性基础 42
    3.1.2 方法基础 42
  3.2 计算属性和侦听器 43
    3.2.1 计算属性 43
    3.2.2 使用计算属性还是函数 44
    3.2.3 计算属性的赋值 45
    3.2.4 属性侦听器 46
  3.3 进行函数限流 47
    3.3.1 手动实现一个简易的限流函数 48
    3.3.2 使用 Lodash 库进行函数限流 49
  3.4 表单数据的双向绑定 50
    3.4.1 文本输入框 50
    3.4.2 多行文本输入区域 51
    3.4.3 复选框与单选框 51
    3.4.4 选择列表 52
    3.4.5 两个常用的修饰符 53
  3.5 样　式　绑　定 53
    3.5.1 为 HTML 标签绑定 Class 属性 53
    3.5.2 绑定内联样式 55
  3.6 范例：实现一个功能完整的用户注册页面 56
    3.6.1 步骤一：搭建用户注册页面 56
    3.6.2 步骤二：实现注册页面的用户交互 59
  3.7 小结与练习 61

第 4 章　处理用户交互 63

  4.1 事件的监听与处理 63
    4.1.1 事件监听示例 63
    4.1.2 多事件处理 65
    4.1.3 事件修饰符 65
  4.2 Vue 中的事件类型 68
    4.2.1 常用事件类型 68
    4.2.2 按键修饰符 70

- 4.3 范例1：随鼠标移动的小球 ... 72
- 4.4 范例2：弹球游戏 ... 74
- 4.5 小结与练习 ... 77

第 5 章 组件基础 ... 78

- 5.1 关于 Vue 应用与组件 ... 78
  - 5.1.1 Vue 应用的数据配置选项 ... 79
  - 5.1.2 定义组件 ... 80
- 5.2 组件中的数据与事件的传递 ... 81
  - 5.2.1 为组件添加外部属性 ... 82
  - 5.2.2 处理组件事件 ... 83
  - 5.2.3 在组件上使用 v-model 指令 ... 84
- 5.3 自定义组件的插槽 ... 86
  - 5.3.1 组件插槽的基本用法 ... 87
  - 5.3.2 多具名插槽的用法 ... 88
- 5.4 动态组件的简单应用 ... 90
- 5.5 范例：开发一款小巧的开关按钮组件 ... 91
- 5.6 小结与练习 ... 94

第 6 章 组件进阶 ... 95

- 6.1 组件的生命周期与高级配置 ... 95
  - 6.1.1 生命周期方法 ... 96
  - 6.1.2 应用的全局配置选项 ... 99
  - 6.1.3 组件的注册方式 ... 100
- 6.2 组件 Props 属性的高级用法 ... 101
  - 6.2.1 对 Prop 属性进行验证 ... 101
  - 6.2.2 Props 的只读性质 ... 104
  - 6.2.3 组件数据注入 ... 105
- 6.3 组件 Mixin 技术 ... 108
  - 6.3.1 使用 Mixin 来定义组件 ... 108
  - 6.3.2 Mixin 选项的合并 ... 110
  - 6.3.3 进行全局 Mixin ... 111
- 6.4 使用自定义指令 ... 111
  - 6.4.1 认识自定义指令 ... 112
  - 6.4.2 自定义指令的参数 ... 113
- 6.5 使用组件的 Teleport 功能开发全局弹窗 ... 113
- 6.6 小结与练习 ... 116

第 7 章 Vue 响应式编程 117

7.1 响应式编程的原理及在 Vue 中的应用 117
7.1.1 手动追踪变量的变化 118
7.1.2 Vue 中的响应式对象 120
7.1.3 独立的响应式值 Ref 的应用 121

7.2 响应式的计算与监听 123
7.2.1 关于计算变量 124
7.2.2 监听响应式变量 125

7.3 组合式 API 的应用 127
7.3.1 关于 setup 方法 127
7.3.2 在 setup 方法中定义生命周期行为 129

7.4 范例：实现支持搜索和筛选的用户列表 130
7.4.1 常规风格的示例工程开发 130
7.4.2 使用组合式 API 重构用户列表页面 133

7.5 小结与练习 136

第 8 章 动画 137

8.1 使用 CSS3 创建动画 137
8.1.1 transition 过渡动画 138
8.1.2 keyframes 动画 139

8.2 使用 JavaScript 的方式实现动画效果 141

8.3 Vue 过渡动画 142
8.3.1 定义过渡动画 142
8.3.2 设置动画过程中的监听回调 146
8.3.3 多个组件的过渡动画 147
8.3.4 列表过渡动画 149

8.4 范例：优化用户列表页面 150

8.5 小结与练习 152

第 9 章 构建工具 Vue CLI 的使用 153

9.1 Vue CLI 工具入门 153
9.1.1 Vue CLI 的安装 154
9.1.2 快速创建项目 155

9.2 Vue CLI 项目模板工程 157
9.2.1 模板工程的目录结构 157
9.2.2 运行 Vue 项目工程 161

9.3 在项目中使用依赖 162
9.4 工程构建 164
9.5 新一代前端构建工具 Vite 165
    9.5.1 Vite 与 Vue CLI 的比较 165
    9.5.2 体验 Vite 构建工具 165
9.6 小结与练习 167

第 10 章 基于 Vue 3 的 UI 组件库——Element Plus 168

10.1 Element Plus 入门 168
    10.1.1 Element Plus 的安装与使用 169
    10.1.2 按钮组件 171
    10.1.3 标签组件 173
    10.1.4 空态图与加载占位图组件 176
    10.1.5 图片与头像组件 179
10.2 表单类组件 180
    10.2.1 单选框与复选框 181
    10.2.2 标准输入框组件 182
    10.2.3 带推荐列表的输入框组件 184
    10.2.4 数字输入框 186
    10.2.5 选择列表 187
    10.2.6 多级列表组件 190
10.3 开关与滑块组件 193
    10.3.1 开关组件 193
    10.3.2 滑块组件 194
10.4 选择器组件 196
    10.4.1 时间选择器 197
    10.4.2 日期选择器 198
    10.4.3 颜色选择器 200
10.5 提示类组件 201
    10.5.1 警告组件 201
    10.5.2 消息提示 202
    10.5.3 通知组件 204
10.6 数据承载相关组件 205
    10.6.1 表格组件 205
    10.6.2 导航菜单组件 208
    10.6.3 标签页组件 210
    10.6.4 抽屉组件 211
    10.6.5 布局容器组件 212

10.7 实战：实现一个教务系统学生列表页面 214
10.8 小结与练习 217

第 11 章 基于 Vue 的网络框架——vue-axios 的应用 219

11.1 使用 vue-axios 请求天气数据 219
    11.1.1 使用互联网上免费的数据服务 219
    11.1.2 使用 vue-axios 进行数据请求 222
11.2 vue-axios 实用功能介绍 224
    11.2.1 通过配置的方式进行数据请求 224
    11.2.2 请求的配置与响应数据结构 225
    11.2.3 拦截器的使用 226
11.3 范例：实现一个天气预报应用 227
    11.3.1 搭建页面框架 227
    11.3.2 实现天气预报应用的核心逻辑 229
11.4 小结与练习 231

第 12 章 Vue 路由管理 232

12.1 Vue Router 的安装与简单使用 232
    12.1.1 Vue Router 的安装 233
    12.1.2 一个简单的 Vue Router 使用示例 233
12.2 带参数的动态路由 235
    12.2.1 路由参数匹配 235
    12.2.2 路由匹配的语法规则 237
    12.2.3 路由的嵌套 239
12.3 页面导航 240
    12.3.1 使用路由方法 240
    12.3.2 导航历史控制 242
12.4 关于路由的命名 242
    12.4.1 使用名称进行路由切换 243
    12.4.2 路由视图命名 243
    12.4.3 使用别名 245
    12.4.4 路由重定向 245
12.5 关于路由传参 246
12.6 路由导航守卫 247
    12.6.1 定义全局的导航守卫 248
    12.6.2 为特定的路由注册导航守卫 249
12.7 动态路由 250

第13章 Vue 状态管理 253

13.1 认识 Vuex 框架 253
- 13.1.1 关于状态管理 254
- 13.1.2 安装与体验 Vuex 255

13.2 Vuex 中的一些核心概念 258
- 13.2.1 Vuex 中的状态 state 258
- 13.2.2 Vuex 中的 Getter 方法 260
- 13.2.3 Vuex 中的 Mutation 261
- 13.2.4 Vuex 中的 Action 262
- 13.2.5 Vuex 中的 Module 263

13.3 小结与练习 266

第14章 项目演练一：开发一个文档学习网站 267

14.1 网站框架的搭建 267
14.2 配置专题与文章目录 272
14.3 渲染文章笔记内容 274
14.4 小结与练习 278

第15章 项目演练二：电商后台管理系统实战 279

15.1 用户登录模块开发 279
- 15.1.1 项目搭建 279
- 15.1.2 用户登录页面的开发 282

15.2 项目主页搭建 285
- 15.2.1 主页框架搭建 285
- 15.2.2 完善注销功能 288

15.3 订单管理模块的开发 289
- 15.3.1 使用 Mock.js 进行模拟数据的生成 289
- 15.3.2 编写工具类与全局样式 290
- 15.3.3 完善订单管理页面 291

15.4 商品管理模块的开发 297
- 15.4.1 商品管理列表页的开发 297
- 15.4.2 新建商品的基础配置 302
- 15.4.3 新建商品的价格和库存配置 305
- 15.4.4 新建商品的详情设置 308
- 15.4.5 添加商品分类 310

12.8 小结与练习 252

15.5 店长管理模块的开发 312
　　15.5.1 店长列表的开发 312
　　15.5.2 店长审批列表与店长订单 315
15.6 财务管理与数据统计功能模块开发 316
　　15.6.1 交易明细与财务对账单 316
　　15.6.2 数据统计模块的开发 317
15.7 小结与练习 322

第 1 章

从前端基础到 Vue.js 3

前端技术是互联网大技术栈中非常重要的一个分支。前端技术本身也是互联网技术发展的见证，其就像一扇窗户，展现了互联网技术的发展与变迁。

前端技术通常是指通过浏览器将信息展现给用户这一过程中涉及的互联网技术。随着目前前端设备的泛化，并非所有的前端产品都是通过浏览器来呈现的，例如微信小程序、支付宝小程序、移动端应用等被统称为前端应用，相应地，前端技术栈也越来越宽广。

讲到前端技术，虽然目前有各种各样的框架与解决方案，基础的技术依然是前端三剑客：HTML5、CSS3 与 JavaScript。随着 HTML5 与 CSS3 的应用，前端网页的美观程度与交互能力都得到了很大的提升。

本章作为准备章节，向读者简单介绍前端技术的发展过程，以及前端三剑客的基本概念与应用，并简单介绍响应式开发框架的相关概念。本章还将通过一个简单的静态页面来向读者展示如何使用 HTML、CSS 与 JavaScript 代码将网页展示到浏览器界面中。

通过本章，你将学习到：

- 了解前端技术的发展概况。
- 对 HTML 技术有简单的了解。
- 对 CSS 技术有简单的了解。
- 对 JavaScript 技术有简单的了解。
- 认识渐进式界面开发框架 Vue，初步体验 Vue 开发框架。

1.1 前端技术演进

说起前端技术的发展历程，还是要从HTML说起。1990年12月，计算机学家Tim Berners-Lee使用HTML语言在NeXT计算机上部署了第一套由"主机-网站-浏览器"构成的Web系统，我们通常认为这是世界上第一套完整的前后端应用，将其作为Web技术开发的开端。

1993年，第一款正式的浏览器Mosaic发布，1994年年底，W3C组织成立，标志着互联网进入了标准化发展的阶段，互联网技术迎来快速发展的春天。

1995年，网景公司推出JavaScript语言，赋予了浏览器更强大的页面渲染与交互能力，使之前的静态网页开始真正地向动态化的方向发展，由此后端程序的复杂度大幅度提升，MVC开发架构诞生，其中前端负责MVC架构中的V（视图层）的开发。

2004年，Ajax技术在Web开发中得到应用，使得网页可以灵活地使用HTTP异步请求来动态地更新页面，复杂的渲染逻辑由之前的后端处理逐渐更替为前端处理，开启了Web 2.0时代。由此，类似jQuery等非常多流行的前端DOM处理框架相继诞生，以其中最流行的jQuery框架为例，其几乎成为网站开发的标配。

2008年，HTML5草案发布，2014年10月，W3C正式发布HTML5推荐标准，众多流行的浏览器也都对其进行了支持，前端网页的交互能力大幅度提高。前端网站开始由Web Site向Web App进化，2010年开始相继出现了Angular JS、Vue JS等开发框架。这些框架的应用开启了互联网网站开发的SPA时代，即单页面应用程序时代（Single Page Application），这也是当今互联网Web应用开发的主流方向。

总体来说，前端技术的发展经历了静态页面阶段、Ajax阶段、MVC阶段，最终发展到了SPA阶段。

在静态页面阶段，前端代码只是后端代码中的一部分，浏览器中展示给用户的页面都是静态的，这些页面的所有前端代码和数据都是后端组装完成后发送给浏览器进行展示的，页面响应速度慢，只能处理简单的用户交互，样式也不够美观。

在Ajax阶段，前端与后端实现了部分分离。前端的工作不再仅仅是展示页面，还需要进行数据的管理与用户的交互。当前端发展到Ajax阶段时，后端更多的工作是提供数据，前端代码逐渐变得复杂。

随着前端要完成的功能越来越复杂，代码量也越来越大。应运而生的很多框架都为前端代码工程结构管理提供了帮助，这些框架大多采用MVC或MVVM模式，将前端逻辑中的数据模型、视图展示和业务逻辑区分开来，为更高复杂性的前端工程提供了支持。

前端技术发展到SPA阶段则意味着网站不再单单用来展示数据，其是一个完整的应用程序，浏览器只需要加载一次网页，用户即可在其中完整使用多页面交互的复杂应用程序，程序的响应速度快，用户体验也非常好。

1.2 HTML 入门

首先，HTML是一种编程语言，是一种描述性的网页编程语言。HTML的全称为Hyper Text Markup Language，我们通常也将其称为超文本标记语言，所谓超文本，是指其除了可以用来描述文本信息外，还可以描述超出基础文本范围的图片、音频、视频等信息。

虽然说HTML是一种编程语言，但是从编程语言的特性上来看，HTML并不是一种完整的编程语言，其并没有很强的逻辑处理能力，更确切的说法为HTML是一种标记语言，其定义了一套标记标签用来描述和控制网站的渲染。

标签是HTML语言中非常重要的一部分，标签是指由尖括号包围的关键词，例如<h1>、<html>等。在HTML文档中，大多数标签都是成对出现的，例如<h1></h1>，在一对标签中，前面的标签是开始标签，后面的标签是结束标签。例如下面就是一个非常简单的HMTL文档示例：

```
<html>
<body>
<h1>Hello World</h1>
<p>HelloWorld 网页</p>
</body>
</html>
```

上面的代码中共有4对标签：html、body、h1和p，这些标签的排布与嵌套定义了完整的HTML文档，最终会由浏览器进行解析渲染。

1.2.1 准备开发工具

HTML文档本身也是一种文本，我们可以使用任何文本编辑器进行HTML文档的编写，只需使用.html文本后缀名即可。但是使用一个强大的HTML编辑器可以极大地提高编写效率，例如很多HTML编辑器都会提供代码提示、标签高亮、标签自动闭合等功能，这些功能都可以帮助我们在开发中十分快速地编写代码，并且可以减少因为笔误所产生的错误。

Visual Studio Code（VSCode）是一款非常强大的编辑器，其除了提供语法检查、格式整理、代码高亮等基础编程常用的功能外，还支持对代码进行调试和运行以及版本管理。通过安装扩展，VSCode几乎可以支持目前所有流行的编程语言。本书示例代码的编写也将采用VSCode编辑器完成。你可以在官方网站（https://code.visualstudio.com）下载新的VSCode编辑器。

目前，VSCode支持的操作系统有macOS、Windows和Linux，在网站中下载适合自己操作系统的VSCode版本进行安装即可，如图1-1所示。

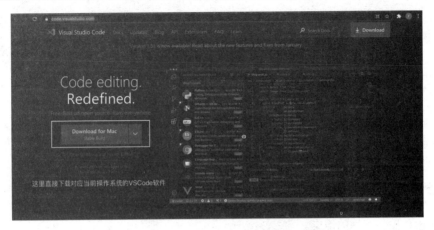

图 1-1　下载 VSCode 编辑器软件

下载安装VSCode软件后，我们可以尝试使用其创建一个简单的HTML文档，新建一个名为test.html的文件，在其中编写如下测试代码：

```html
<!DOCTYPE html>
<html lang="en">
<head>
    <meta charset="UTF-8">
    <meta name="viewport" content="width=device-width, initial-scale=1.0">
    <title>Document</title>
</head>
<body>
    <h1>HelloWorld</h1>
</body>
</html>
```

相信在输入代码的过程中，你已经能够体验到使用VSCode编程带来的畅快体验，并且在编辑器中关键词的高亮显示和自动缩进也使代码结构看上去更加直观，如图1-2所示。

图 1-2　VSCode 的代码高亮显示与自动缩进功能

在VSCode中将代码编写完成后，我们可以直接对其进行运行。对于HTML源文件的运行，VSCode会自动将其以浏览器的方式打开，选择VSCode工具栏中的Run→Run Without Debugging选项，如图1-3所示。

图 1-3　运行 HTML 文件

之后会弹出环境选择菜单，我们可以选择一款浏览器进行预览，如图1-4所示。建议安装Google Chrome浏览器，其有很多强大的插件可以帮助我们进行Web程序的调试。

图 1-4　使用浏览器进行预览

预览效果如图1-5所示。

图 1-5　使用 HTML 实现的 HelloWorld 程序

1.2.2　HTML 中的基础标签

HTML中预定义了很多标签，本节通过几个基础标签的应用实例来向读者介绍标签在HTML中的简单用法。

HTML文档中的标题通常使用h标签来定义，根据标题的等级h标签又分为h1~h6共6个等级。使用VSCode编辑器创建一个名为base.html的文件，在其中编写如下代码：

```
<!DOCTYPE html>
```

```html
<html lang="en">
<head>
    <meta charset="UTF-8">
    <meta name="viewport" content="width=device-width, initial-scale=1.0">
    <title>基础标签应用</title>
</head>
<body>
    <h1>1级标题</h1>
    <h2>2级标题</h2>
    <h3>3级标题</h3>
    <h4>4级标题</h4>
    <h5>5级标题</h5>
    <h6>6级标题</h6>
</body>
</html>
```

我们后面的大多示例HTML文档的基本格式都是一样的，代码的不同之处主要在body标签内，后面的示例只会展示核心body中的代码。

运行上面的HTML文件，浏览器渲染效果如图1-6所示。可以发现，不同等级的标题文本字体的字号大小是不同的。

图1-6　HTML中的h标签

HTML文档的正文部分通常使用p标签定义，p标签的意义是段落，正文中的每个段落的文本都可以将其包裹在p标签内，如下：

```html
<p>这里是一个段落</p>
<p>这里是一个段落</p>
```

a标签用来定义超链接，a标签中的href属性可以指向一个新的文档路径，当用户单击超链接的时候，浏览器会跳转到超链接指向的新网页，例如：

```html
<a href="https://www.baidu.com">跳转到百度</a>
```

在实际的应用开发中，我们将很少使用a标签来处理网页的跳转逻辑，更多时候使用JavaScript来操作跳转逻辑。

HTML文档中也可以方便地显示图像，我们向base.html文件所在的目录中添加一张图片素材

（demo.png），使用img标签来定义图像，如下：

```
<div><img src="demo.png" alt="图片" width="400px"></div>
```

需要注意，之所以将img标签包裹在div标签中，是因为img标签是一个行内元素，如果我们想让图片单独另起一行展示，则需要使用div标签包裹，示例效果如图1-7所示。

图 1-7　HTML 文档效果演示

HTML中的标签可以通过属性对其渲染或交互行为进行控制，例如上面的a标签，href就是一种属性，其用来定义超链接的地址。在img标签中，src属性定义图片素材的地址，width属性定义图片渲染的宽度。标签中的属性使用如下格式设置：

```
tagName = "value"
```

tagName为属性的名字，不同的标签支持的属性也不同。通过设置属性，我们可以方便地对HTML文档中元素的布局与渲染进行控制，例如对于h1标签来说，将其align属性设置为center后，其就会在文档中居中展示：

```
<h1 align = "center">1级标题</h1>
```

效果如图1-8所示。

图 1-8　标题居中展示

HTML中还定义了一种非常特殊的标签：注释标签。编程工作除了要进行代码的编写外，优雅地撰写注释也是非常重要的。注释的内容在代码中可见，但是对浏览器来说是透明的，不会对渲染产生任何影响，示例如下：

```
<!-- 这里是注释的内容 -->
```

1.3 CSS 入门

通过1.2节的介绍，我们了解了HTML文档通过标签来进行框架的搭建和布局，虽然通过标签的一些属性也可以对展示的样式进行控制，但是其能力非常有限，我们在日常生活中看到的网页往往是五彩斑斓、多姿多彩的，这都要归功于CSS的强大能力。

CSS的全称是Cascading Style Sheets，即层叠样式表。其用处是定义如何展示HTML元素，通过CSS来控制网页元素的样式极大地提高了编码效率，在实际编程开发中，我们可以先将HTML文档的整体框架使用标签定义出来，之后使用CSS来对样式细节进行调整。

1.3.1 CSS 选择器入门

CSS代码的语法规则主要由两部分构成：选择器和声明语句。

声明语句用来定义样式，而选择器则用来指定要使用当前样式的HTML元素。在CSS中，基本的选择器有通用选择器、标签选择器、类选择器和id选择器。

1. 通用选择器

使用"*"来定义通用选择器，通用选择器的意义是对所有元素生效。创建一个名为selector.html的文件，在其中编写如下示例代码：

```
<!DOCTYPE html>
<html lang="en">
<head>
    <meta charset="UTF-8">
    <meta name="viewport" content="width=device-width, initial-scale=1.0">
    <title>CSS选择器</title>
    <style>
        * {
            font-size: 18px;
            font-weight: bold;
        }
    </style>
</head>
<body>
    <h1>这里是标题</h1>
    <p>这里是段落</p>
    <a>这里是超链接</a>
</body>
```

```
</html>
```

运行代码，浏览器渲染效果如图1-9所示。

图1-9　HTML渲染效果

如以上代码所示，使用通用选择器将HTML文档中的所有元素选中，之后将其内所有的文本字体都设置为粗体18号。

2. 标签选择器

标签选择器，顾名思义，我们可以通过标签名对此标签对应的所有元素的样式进行设置。示例代码如下：

```
p {
    color:red;
}
```

上面的代码将所有p标签内部的文本颜色设置为红色。

3. 类选择器

类选择器需要集合标签的class属性进行使用，我们可以在标签中添加class属性来为其设置一个类名，类选择器会将所有设置对应类名的元素选中，类选择器的使用格式为".className"。

4. id选择器

id选择器和类选择器类似，id选择器会通过标签的id属性进行选择，其使用格式为"#idName"。

示例如下：

```
<!DOCTYPE html>
<html lang="en">
<head>
    <meta charset="UTF-8">
    <meta name="viewport" content="width=device-width, initial-scale=1.0">
    <title>CSS选择器</title>
```

```
        <style>
            * {
                font-size: 18px;
                font-weight: bold;
            }
            p {
                color:red;
            }
            .p2 {
                color: green;
            }
            #p3 {
                color:blue;
            }
        </style>
    </head>
    <body>
        <h1>这里是标题</h1>
        <p>这里是段落一</p>
        <p class="p2">这里是段落二</p>
        <p id="p3">这里是段落三</p>
        <a>这里是超链接</a>
    </body>
</html>
```

运行上面的代码，可以看到"段落一"的文本被渲染成了红色，"段落二"的文本被渲染成了绿色，"段落三"的文本被渲染成了蓝色。

除了上面列举的4种CSS基本选择器外，CSS选择器还支持组合和嵌套，例如我们要选中如下代码中的p：

```
<div><p>div中嵌套的p</p></div>
```

可以使用后代选择器：

```
div p {
    color: cyan;
}
```

对于要同时选中多种元素的场景，我们也可以将各种选择器进行组合，每种选择器间使用逗号分隔即可，例如：

```
.p2, #p3 {
    font-style: italic;
}
```

此外，CSS选择器还有属性选择器、伪类选择器等，有兴趣的读者可以在互联网上查到大量的相关资料进行学习。本节只需要掌握基础的选择器使用方法即可。

1.3.2 CSS 样式入门

掌握了CSS选择器的应用，我们要选中HTML文档中的任何元素都非常容易，在实际开发中，常用的选择器是类选择器，我们可以根据组件的不同样式将其定义为不同的类，通过类选择器来对组件进行样式定义。

CSS提供了非常丰富的样式供开发者进行配置，包括元素背景的样式、文本的样式、边框与边距样式、渲染的位置等。本节将为读者介绍一些常用的样式配置方法。

1. 元素的背景配置

在CSS中，与元素的背景配置相关的属性都是以background开头的。使用CSS对元素的背景样式进行设置，可以实现相当复杂的元素渲染效果。常用的背景配置属性如表1-1所示。

表 1-1 CSS 背景属性配置

属 性 名	意 义	可配置值
background-color	设置元素背景颜色	这个属性可以接收任意合法的颜色值
background-image	设置元素的背景图片	图片素材的 URL
background-repeat	设置背景图片的填充方式	repeat-x：水平方向上重复 repeat-y：垂直方向上重复 no-repeat：图片背景不进行重复平铺
background-position	设置图片背景的定位方式	可以设置为相关定位的枚举值，如top、center 等，也可以设置为长度值

2. 元素的文本配置

元素的文本配置包括对齐方式配置、缩进配置、文字间隔配置等。下面的CSS代码将演示这些文本配置属性的使用方式。

HTML标签：

```
<div class="text">文本配置属性 HelloWorld</div>
```

CSS设置：

```
.text {
    text-indent: 100px;
    text-align: right;
    word-spacing: 20px;
    letter-spacing: 10px;
    text-transform: uppercase;
    text-decoration: underline;
}
```

效果如图1-10所示。

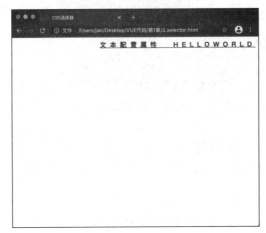

图 1-10　使用 CSS 对文本元素进行配置

3. 边框与边距配置

使用CSS可以对元素的边框进行设置,例如设置元素的边框样式、宽度、颜色等。示例代码如下:

HTML元素:

```
<div class="border">设置元素的边框</div>
```

CSS设置:

```
.border {
    border-style: solid;
    border-width: 4px;
    border-color: red;
}
```

上面的示例代码中,border-style属性用于设置边框的样式,例如solid将其设置为实线；border-width属性用于设置边框的宽度,border-color属性用于设置边框的颜色。上面的代码运行后的效果如图1-11所示。

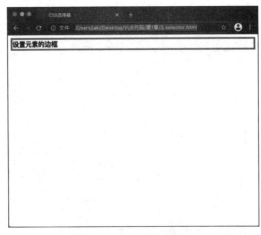

图 1-11　边框设置效果

使用border开头的属性配置会默认对元素的4个边框都进行设置，也可以单独对元素某个方向的边框进行配置，使用border-left、border-right、border-top、border-bottom开头的属性进行设置即可。

元素定位是CSS非常重要的功能之一，我们看到的网页之所以多姿多彩，都要归功于CSS可以灵活地对元素进行定位。

在网页布局中，CSS盒模型是一个非常重要的概念，其通过内外边距来控制元素间的相对位置。盒模型结构如图1-12所示。

图 1-12　CSS 盒模型示意图

可以通过CSS的height和width属性控制元素的宽度和高度，padding相关的属性可以设置元素的内边距，可以使用padding-left、padding-right、padding-top和padding-bottom控制4个方向上的内边距。margin相关的属性用来控制元素的外边距，使用margin-left、margin-right、margin-top和margin-bottom控制4个方向的外边距。通过margin和padding的设置，可以灵活地控制元素间的相对位置。示例如下：

HTML元素：

```
<span class="sp1">sp1</span>
<span class="sp2">sp2</span>
<span class="sp3">sp3</span>
<span class="sp4">sp4</span>
```

CSS设置：

```
.sp1 {
   background-color: red;
   color: white;
   padding-right: 30px;
}
.sp2 {
```

```
    background-color: blue;
    color: white;
    padding-left: 30px;
}
.sp3 {
    background-color: green;
    color: white;
    margin-left: 30px;
}
.sp4 {
    background-color: indigo;
    color: white;
    margin-right: 30px;
}
```

页面渲染效果如图1-13所示。

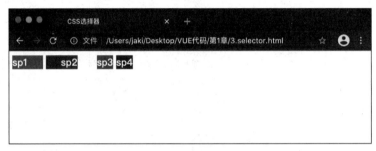

图1-13　控制元素内外边距

需要注意，上面的元素之所以在一行展示，是因为span标签定义的元素默认为行内元素，不会自动换行布局。

关于元素的绝对定位与浮动的相关内容，不作为我们要了解的重点，在本书后续的测试案例中，我们会逐步使用这些技术为读者演示。

1.4　JavaScript 入门

学习Vue开发技术，JavaScript是基础。本书的后续章节都需要读者能熟练使用JavaScript。JavaScript是一门面向对象的强大的前端脚本语言，如果要深入学习JavaScript，可能需要一本书的厚度来介绍，这并不是本书的重点。因此，如果你对JavaScript没有任何基础，建议学习完本书的准备章节后，先系统地学习一下JavaScript语言基础，再继续学习本书后续的Vue章节。

本节将只介绍JavaScript核心、基础的一些概念。

1.4.1　为什么需要 JavaScript

如果将一个网页类比为一个人，HTML构建了其骨架，CSS为其着装打扮，而JavaScript则为其赋予了灵魂。不夸张地说，JavaScript就是网页应用的灵魂。通过前面的学习，我们知道，HTML和CSS的主要作用是对网页的渲染进行布局和调整，要使得网页拥有强大的功能并且可以与用户进行复杂的交互，都需要使用JavaScript来完成。

首先，JavaScript能够动态改变HTML组件的内容。创建一个名为js.html的文件，在其中编写如下示例代码：

```html
<!DOCTYPE html>
<html lang="en">
<head>
    <meta charset="UTF-8">
    <meta name="viewport" content="width=device-width, initial-scale=1.0">
    <title>Document</title>
    <script>
        var count = 0
        function clickFunc() {
            document.getElementById("h1").innerText = `${++count}`
        }
    </script>
</head>
<body>
    <div style="text-align: center;">
        <h1 id="h1" style="font-size: 40px;">数值:0</h1>
        <button style="font-size: 30px; background-color: burlywood;" onclick="clickFunc()">点击</button>
    </div>
</body>
</html>
```

上面的代码中使用到了几个核心的知识点，在HTML标签中可以直接内嵌CSS样式表，为其设置style属性即可，内嵌的样式表要比外联的样式表优先级更高。button标签是HTML中定义按钮的标签，其中onclick属性可以设置一段JavaScript代码，当用户单击按钮组件时会调用这段代码。如以上代码所示，当用户单击按钮时，我们让其执行了clickFunc函数。clickFunc函数定义在script标签中，其实现了简单的计数功能，document对象是当前的文档对象，调用其getElementById方法可以通过元素标签的id属性的值来获取对应元素，调用innerText可以对元素标签内的文本进行设置。运行代码，可以看到网页上渲染了一个标题和按钮，通过单击按钮，标题上显示的数字会进行累加，如图1-14所示。

使用JavaScript也可以方便地对标签元素的属性进行设置和修改。例如，我们在页面中再添加一个图片元素，通过单击按钮来设置其显示和隐藏状态：

图1-14　使用 JavaScript 实现计数器

HTML标签：

```
<div id="img" style="visibility: visible;">
    <img src="demo.png" width="200px">
</div>
```

JavaScript代码：

```
<script>
    var count = 0
    function clickFunc() {
        document.getElementById("h1").innerText = `${++count}`
        document.getElementById("img").style.visibility = count % 2 == 0 ? "visible" : "hidden"
    }
</script>
```

可以看到，使用JavaScript获取标签的属性非常简单，直接使用点语法即可。同理，我们也可以通过这种方式来灵活地控制网页上元素的样式，只需要修改元素的style属性即可。运行上面的代码，在网页中单击按钮，可以看到图片元素会交替地进行显示与隐藏。

使用JavaScript也可以非常容易地对HTML文档中的元素进行增删，有时一个非常简单的HTML文档能够实现非常复杂的页面，其实都是通过JavaScript来动态渲染的。

1.4.2 JavaScript 语法简介

JavaScript语言的语法非常简单，入门很容易，对于开发者来说上手也非常快。其语法不像某些强类型语言那样严格，语句格式和变量类型都非常灵活。

1. 变量的定义

JavaScript使用var或let来进行变量的定义。其使用var定义和let定义会使得变量的作用域不同。在定义变量时，无须关心变量的类型，例如：

```
<script>
    var a = 100              // 定义变量a，其存储的值为数值100
    var b = "HelloWorld"     // 定义变量b，其存储的值为字符串
    var c = {
        name:"abc"
    }                        // 定义键值对变量 c
    var d = [1, 2, 3]        // 定义列表变量d
    var e = false            // 定义布尔变量e
</script>
```

JavaScript中的注释规则与传统的C语言类似，我们一般使用"//"来定义注释。

2. 表达式

几乎在任何编程语言中都存在表达式，表达式由运算符与运算数构成。运算数可以是任意类型的数据，也可以是任意的变量，只要其能支持我们指定的运算。JavaScript支持很多常规的运算符，例如算术运算符+、-、*、/等，比较运算符<、>、<=、<=等，示例如下：

```
var m = 1 + 1                    // 算术运算
var n = 10 > 5                   // 比较运算
var o = false && false           // 逻辑运算
var p = 1 << 1                   // 位运算
```

3. 函数的定义与调用

函数是程序的功能单元，在JavaScript中定义函数有两种方式，一种是使用function关键字进行定义，另一种是使用箭头函数的方式进行定义。无论哪种方式定义的函数，其调用方式都是一样的，示例如下：

```
function func1(param) {
    console.log("执行了func1函数" + param);
}
var func2 = (param) => {
    console.log("执行了func2函数" + param);
}
func1("hello")
func2("world")
```

运行上面的代码，在VSCode开发工具的控制台可以看到输出的信息。console.log函数用来向控制台输出信息。

4. 条件分支语句

条件语句是JavaScript进行逻辑控制的重要语句，当程序需要根据条件是否成立来分别执行不同的逻辑时，就需要使用条件语句，JavaScript中的条件语句使用if和else关键词来实现，示例如下：

```
var i = 0
var j = 1
if (i > j) {
    console.log("i > j")
} else if (i == j) {
    console.log("i == j")
} else {
    console.log("i < j")
}
```

JavaScript中也支持使用switch和case关键字多分支语句，示例如下：

```
var u = 0
switch (u) {
    case 0:
        console.log("0")
        break
    case 1:
        console.log("1")
        break
    default:
        console.log("-")
}
```

5. 循环语句

循环语句用来重复执行某段代码逻辑，JavaScript中支持while型循环和for型循环，示例代码如下：

```
var v = 10
while (v > 0) {
    v -= 1
    console.log(v)
}
for(v = 0 ; v < 10; v ++) {
    console.log(v)
}
```

除此之外，JavaScript还有许多非常强大的语法与面向对象能力，我们在后面的章节中会更加详细地介绍。

1.5 渐进式开发框架 Vue

Vue的定义为渐进式的JavaScript框架。所谓渐进式，是指其被设计为可以自底向上逐层应用。我们可以只使用Vue框架中提供的某层的功能，也可以与其他第三方库整合使用。当然，Vue本身也提供了完整的工具链，使用其全套功能进行项目的构建也非常简单。

在使用Vue之前，需要掌握基础的HTML、CSS和JavaScript技能，如果你对本章前面介绍的内容都已经掌握，那么对于后面Vue使用的相关例子会非常容易理解。Vue的渐进式性质使其使用方式变得非常灵活，在使用时，我们可以使用其完整的框架，也可以只使用部分功能。

1.5.1 第一个 Vue 应用

在学习和测试Vue的功能时，我们可以直接使用CDN的方式来进入Vue框架。本书将全部采用Vue 3.0.x的版本来编写示例。首先，使用VSCode开发工具创建一个名为Vue1.html的文件，在其中编写如下模板代码：

```html
<!DOCTYPE html>
<html lang="en">
<head>
    <meta charset="UTF-8">
    <meta name="viewport" content="width=device-width, initial-scale=1.0">
    <title>Vue3 Demo</title>
    <script src="https://unpkg.com/vue@next"></script>
</head>
<body>
</body>
</html>
```

其中，我们在head标签中加入了一个script标签，采用CDN的方式引入了Vue3的新版本。以之

前编写的计数器应用为例,我们尝试使用Vue的方式来实现它。首先在body标签中添加一个标题和按钮,代码如下:

```
<div style="text-align: center;" id="Application">
    <h1>{{ count }}</h1>
    <button v-on:click="clickButton">点击</button>
</div>
```

上面使用到了一些特殊的语法,例如在h1标签内部使用了Vue的变量替换功能,{{ count }}是一种特殊语法,其会将当前Vue组件中定义的count变量的值替换过来,v-on:click属性用来进行组件的单击事件绑定,上面的代码将单击事件绑定到了clickButton函数上,这个函数也是定义在Vue组件中的。定义Vue组件非常简单,我们可以在body标签下添加一个script标签,在其中编写如下代码:

```
<script>
    // 定义一个Vue组件,名为App
    const App = {
        // 定义组件中的数据
        data() {
            return {
                // 目前我们只用到count数据
                count:0
            }
        },
        // 定义组件中的函数
        methods: {
            // 实现单击按钮的方法
            clickButton() {
                this.count = this.count + 1
            }
        }
    }
    // 将Vue组件绑定到页面上id为Application的元素上
    Vue.createApp(App).mount("#Application")
</script>
```

如以上代码所示,我们定义Vue组件时实际上定义了一个JavaScript的对象,其中data方法用来返回组件所需要的数据,methods属性用来定义组件所需要的方法函数。在浏览器中运行上面的代码,当单击页面中的按钮时,计数器会自动增加。可以看到,使用Vue实现的计数器应用比使用JavaScript直接操作HTML元素方便得多,我们不需要获取指定的组件,也不需要修改组件中的文本内容,通过Vue这种绑定的编程方式,只需要专注于数据逻辑,当数据本身修改时,绑定这些数据的元素也会同步修改。

1.5.2 范例:实现一个简单的用户登录页面

本节尝试使用Vue来构建一个简单的登录页面。在练习之前,我们先来分析一下需要完成哪些工作:

（1）登录页面需要有标题，用来提示用户当前的登录状态。
（2）在未登录时，需要有两个输入框以及登录按钮供用户输入账号、密码和进行登录操作。
（3）在登录完成后，输入框需要隐藏，需要提供按钮让用户登出。

要完成上面列出的3个功能点，如果使用原生的JavaScript DOM操作会有些复杂，借助Vue的单双向绑定和条件渲染功能，完成这些需求则会非常容易。

首先创建一个名为loginDemo.html的文件，为其添加HTML通用的模板代码，并通过CND的方式引入Vue。之后，在其body标签中添加如下代码：

```html
<div id="Application" style="text-align: center;">
    <h1>{{title}}</h1>
    <div v-if="noLogin">账号：<input v-model="userName" type="text" /></div>
    <div v-if="noLogin">密码：<input v-model="password" type="password" /></div>
    <div v-on:click="click" style="border-radius: 30px;width: 100px; margin: 20px auto; color: white; background-color: blue;">{{buttonTitle}}</div>
</div>
```

上面的代码中，v-if是Vue提供的条件渲染功能，其指定的变量如果为true，则渲染这个元素，否则不渲染。v-model用来进行双向绑定，当输入框中的文字变化时，其会将变化同步到绑定的变量上，同样，当我们对变量的值进行改变时，输入框中的文本也会对应变化。

实现JavaScript代码如下：

```html
<script>
    const App = {
        data () {
            return {
                title:"欢迎您：未登录",
                noLogin:true,
                userName:"",
                password:"",
                buttonTitle:"登录"
            }
        },
        methods: {
            click() {
                if (this.noLogin) {
                    this.login()
                } else {
                    this.logout()
                }
            },
            // 登录
            login() {
                // 判断账号、密码是否为空
                if (this.userName.length > 0 && this.password.length > 0) {
                    // 登录提示后刷新页面
                    alert(`userNmae:${this.userName} password:${this.password}`)
```

```
                this.noLogin = false
                this.title = `欢迎您:${this.userName}`
                this.buttonTitle = "注销"
                this.userName = ""
                this.password = ""
            } else {
                alert("请输入账号密码")
            }
        },
        // 登出
        logout() {
            // 清空登录数据
            this.noLogin = true
            this.title = `欢迎您:未登录`
            this.buttonTitle = "登录"
        }
    }
})
Vue.createApp(App).mount("#Application")
</script>
```

运行上面的代码,未登录时效果如图1-15所示。当输入了账号和密码完成登录后,效果如图1-16所示。

图1-15　简易登录页面1

图1-16　简易登录页面2

1.5.3　Vue 3 的新特性

如果你之前接触过前端开发,相信Vue框架对于你来说并不陌生。Vue 3的发布无疑是Vue框架的一次重大改进。一款优秀的前端开发框架的设计一定要遵循一定的设计原理,Vue 3的设计目标是:

(1) 更小的尺寸和更快的速度。
(2) 更加现代化的语法特性,加强TypeScript的支持。
(3) 在API设计方面,增强统一性和一致性。

（4）提高前端工程的可维护性。

（5）支持更多、更强大的功能，提高开发者的效率。

上面列举了Vue 3的核心设计目标，相较于Vue 2版本，Vue 3有哪些重大的更新点呢？本节我们就来简单介绍一下。

首先，在Vue 2时代，最小化被压缩的Vue核心代码约为20KB，目前Vue 3的压缩版只有10KB，大小足足减少了一半。在前端开发中，依赖模块越小，意味着更少的流量和更快的速度，在这方面，Vue 3的确表现优异。

在Vue 3中，对虚拟DOM的设计也进行了优化，使得引擎可以更加快速地处理局部的页面元素修改，在一定程度上提升了代码的运行效率。同时，Vue 3也配套进行了更多编译时的优化，例如将插槽编译为函数等。

在代码语法层面上，相较于Vue 2，Vue 3有比较大的变化。其基本弃用了"类"风格的API，而推广采用"函数"风格的API，以便更好地对TypeScript进行支持。这种编程风格更有利于组件的逻辑复用，例如Vue 3组件中心引入的setup（组合式API）方法，可以让组件的逻辑更加聚合。

Vue 3中也添加了一些新的组件，比如Teleport组件（有助于开发者将逻辑关联的组件封装在一起），这些新增的组件提供了更加强大的功能，以便于开发者对逻辑的复用。

总之，在性能方面，Vue 3无疑完胜Vue 2，同时打包后的体积也更小。在开发者编程方面，Vue 3基本是向下兼容的，开发者无须过多的额外学习成本，并且Vue 3对功能方面的扩展对于开发者来说也更加友好。

关于Vue 3更详细的内容与新特性的使用方法，后面的章节会逐步向读者介绍。

1.5.4 为什么要使用 Vue 框架

在真正开始学习Vue之前，还有一个问题至关重要，那就是我们为什么要学习它。

首先，做前端开发，一定要使用一款框架，这就像生产产品的工厂有一套完整的流水线一样。在学习阶段，我们可以直接使用HTML、CSS和JavaScript开发出一些简单的静态页面，但是要做大型的商业应用，要完成的代码量会非常大，要编写的功能函数会非常多，而且对于交互复杂的项目来说，如果真的不使用任何框架来开发的话，后期维护和扩展将会非常困难。

既然一定要使用框架，那么我们为什么要选择Vue呢？在互联网Web时代早期，前后端的界限还比较模糊，有一个名为jQuery的JavaScript框架非常流行，其内部封装了大量的JavaScript函数，可以帮助开发者操作DOM并且提供了事件处理、动画和网络相关接口。当时的前端页面更多是用来展示，因此使用jQuery框架足够应付所需要进行的逻辑交互操作。后来随着互联网的飞速发展，前端网站的页面越来越复杂，2009年诞生了一款名为AngularJS的前端框架，此框架的核心是响应式与模块化，其使得前端页面的开发方式发生了变革，前端可以自行处理非常复杂的业务逻辑，前后端的职责开始逐渐分离，前端从页面展示向单页面应用发展。

AngularJS虽然强大，但其缺点也十分明显，总结如下：

（1）学习曲线陡峭，入门难度高。

（2）灵活性很差，这意味着如果要使用AngularJS，就必须按照其规定的一套构造方式来开发应用，要完整地使用其一整套的功能。

（3）由于框架本身很庞大，使得速度和性能会略差。

（4）在代码层面上，某些API设计复杂，使用麻烦。

只要AngularJS有上述问题，就一定会有新的前端框架来解决这些问题，Vue和React这两个框架就此诞生了。

Vue和React在当下前端项目开发中平分秋色，它们都是非常优秀的现代化前端框架。从设计上，它们有很多相似之处，比如相较于功能齐全的AngularJS而言，它们都是"骨架"类的框架，即只包含基础的核心功能，路由、状态管理等功能都是靠分离的插件来支持的。并且在逻辑上，Vue和React都是基于虚拟DOM树的，改变页面真实的DOM要比虚拟DOM的更改性能开销大很多，因此Vue和React的性能都非常优秀。Vue和React都引导采用组件化的方式进行编程，模块间通过接口进行连接，方便维护与扩展。

当然，Vue与React也有很多不同之处，Vue的模板编写采用的是类似HTML的模板方式，写起来与标准的HTML非常像，只是多了一些数据绑定或事件交互的方法，入手非常简单。而React则是采用JSX的方式编写模板，虽然这种编写方式提供的功能更加强大一些，但是JavaScript混合XML的语言使得代码看上去非常复杂，阅读起来也比较困难。Vue与React还有一个很大的区别在于组件状态管理，Vue的状态管理本身非常简单，局部的状态只要在data中进行定义，其默认就被赋予了响应性，在需要修改时直接将对应属性更改即可，对于全局的状态也有Vuex模块进行支持。在React中，状态不能直接修改，需要使用setState方法进行更改，从这一点上看，Vue的状态管理更加简洁一些。

总之，如果你想尽快掌握前端开发的核心技能并上手开发大型商业项目，Vue一定不会让你失望。

1.6　小结与练习

本章是我们进入Vue学习的准备章节，在学习Vue框架之前，首先需要熟练应用前端3剑客（HTML、CSS和JavaScript）。同时，我们对Vue的使用也有了初步的体验，相信你已经体会到了Vue在开发中为我们带来的便利与高效。

通过本章的学习，请你尝试回答下面的问题，如果每道问题在你的心中都有了清晰的答案，那么恭喜你过关成功，快快开始下一章的学习吧！

练习1：在网页开发中，HTML、CSS和JavaScript分别起到了什么样的作用？

温馨提示：可以从布局、样式和逻辑处理方面思考。

练习2：如何动态地改变网页元素的样式或内容，请你尝试在不使用Vue的情况下，手动实现本章1.5.2节的登录页面。

温馨提示：尝试使用JavaScript的DOM操作来重写示例工程。

练习3：数据绑定在Vue中如何使用？什么是单向绑定？什么是双向绑定？

温馨提示：结合本章1.5.2节的示例进行分析。

练习4：通过对Vue示例工程的体验，你认为使用Vue开发前端页面的优势有哪些？

温馨提示：可以从数据绑定、方法绑定条件和循环渲染以及Vue框架的渐进式性质进行思考。

第2章

Vue 模板应用

模板是Vue框架中的重要组成部分，Vue采用了基于HTML的模板语法，因此对于大多数开发者来说上手会非常容易。在Vue的分层设计思想中，模板属于视图层，有了模板功能，开发者可以方便地将项目组件化，也可以方便地封装定制化的通用组件。在编写组件时，模板的作用是让开发者将重心放在页面布局渲染上，而不需要关心数据逻辑。同样，在Vue组件内部编写数据逻辑代码时，也无须关心视图的渲染。

本章将着重学习Vue框架的模板部分，现在就奔向我们Vue学习之路上的第一个目标吧：游刃有余地使用模板。

通过本章，你将学习到：

- 基础的模板使用语法。
- 模板中参数的使用。
- Vue 指令相关用法。
- 使用缩写指令。
- 灵活使用条件语句与循环语句。

2.1 模板基础

在第1章我们已经体验过模板，对于普通的HTML文档，若要在数据变化时对其进行页面的更新，则需要通过JavaScript的DOM操作来获取指定的元素，再对其属性或内部文本进行修改，操作起来十分烦琐且容易出错。如果使用了Vue的模板语法，则事情会变得非常简单，我们只需要将要变化的值定义成变量，之后将变量插入HTML文档指定的位置即可。当数据发生变化时，使用此变量的所有组件都会同步更新，这就使用到了Vue模板中的插值技术。学习模板，我们先从学习插值开始。

2.1.1 模板插值

首先，我们创建一个名为tempText.html的文件，在其中编写HTML文档的常规代码。之后在body标签中添加一个元素供我们测试使用，代码如下：

```
<div style="text-align: center;">
    <h1>这里是模板的内容:1次点击</h1>
    <button>按钮</button>
</div>
```

如果在浏览器中运行上面的HTML代码，你会看到网页中渲染出了一个标题和一个按钮，但是单击按钮并没有任何效果（截至目前，我们并没有写什么逻辑代码）。现在，让我们为这个网页增加一些动态功能，很简单：单击按钮，改变数值。引入Vue框架，并通过Vue组件来实现这个计数器功能，完整的示例代码如下：

```
<!DOCTYPE html>
<html lang="en">
<head>
    <meta charset="UTF-8">
    <meta name="viewport" content="width=device-width, initial-scale=1.0">
    <title>模板插值</title>
    <script src="https://unpkg.com/vue@next"></script>
</head>
```

```html
<body>
    <div id="Application" style="text-align: center;">
        <h1>这里是模板的内容:{{count}}次点击</h1>
        <button v-on:click="clickButton">按钮</button>
    </div>
    <script>
        // 定义一个Vue组件，名为App
        const App = {
            // 定义组件中的数据
            data() {
                return {
                    // 目前我们只用到count数据
                    count:0
                }
            },
            // 定义组件中的函数
            methods: {
                // 实现单击按钮的方法
                clickButton() {
                    this.count = this.count + 1
                }
            }
        }
        // 将Vue组件绑定到页面上id为Application的元素上
        Vue.createApp(App).mount("#Application")
    </script>
</body>
</html>
```

在浏览器中运行上面的代码，单击页面中的按钮。可以看到页面中标题的文本也在不断变化。如以上代码所示，在 HTML 的标签中使用"{{}}"可以进行变量插值，这是 Vue 中基础的模板语法，其可以将当前组件中定义的变量的值插入指定位置，并且这种插值会默认实现绑定的效果，即当我们修改了变量的值时，其可以同步地反馈到页面的渲染上。

某些情况下，某些组件的渲染是由变量控制的，但是我们想让它一旦渲染后就不能够再被修改，这时可以使用模板中的v-once指令实现，被这个指令设置的组件在进行变量插值时只会插值一次，例如：

```html
<h1 v-once>这里是模板的内容:{{count}}次点击</h1>
```

在浏览器中再次实验，可以发现网页中指定的插值位置被替换成了文本"0"后，无论我们再怎么单击按钮，标题也不会再改变。

还有一点需要注意，如果要插值的文本为一段HTML代码，则直接使用双括号就不太好使了，双括号会将其内的变量解析成纯文本。例如，定义Vue组件App中的数据如下：

```
data() {
    return {
        count:0,
        countHTML:"<span style='color:red;'>0</span>"
    }
```

}
```

如果使用双括号插值的方式将HTML代码插入，最终的效果会将其以文本的方式渲染出来，代码如下：

```
<h1 v-once>这里是模板的内容:{{countHTML}}次点击</h1>
```

运行效果如图2-1所示。

这里是模板的内容:<span style='color:red;'>0</span>次点击

图 2-1　使用双括号进行 HTML 插值

这种效果明显不符合我们的预期，对于HTML代码插值，我们需要使用v-html指令来完成，示例代码如下：

```
<h1 v-once>这里是模板的内容:<span v-html="countHTML"></span>次点击</h1>
```

V-html指令可以指定一个Vue变量数据，其会通过HTML解析的方式将原始HTML替换到其指定的标签位置，如以上代码运行后的效果如图2-2所示。

这里是模板的内容:0次点击

图 2-2　使用 v-html 进行 HTML 插值

前面介绍了如何在标签内部进行内容的插值，我们知道，标签除了其内部的内容外，本身的属性设置也是非常重要的，例如我们可能需要动态改变标签的style属性，从而实现元素渲染样式的修改。在Vue中，我们可以使用属性插值的方式做到标签属性与变量的绑定。

对于标签属性的插值，Vue中不再使用双括号的方式，而是使用v-bind指令，示例代码如下：

```
<h1 v-bind:id="id1">这里是模板的内容:{{count}}次点击</h1>
```

定义一个简单的CSS样式如下：

```
#h1 {
    color: red;
}
```

再添加一个名为id1的Vue组件属性，代码如下：

```
data() {
    return {
        count:0,
        countHTML:"<span style='color:red;'>0</span>",
        id1:"h1"
    }
}
```

运行代码，可以看到我们已经将 id 属性动态地绑定到了指定的标签中，当 Vue 组件中 id1 属性的值发生变化时，其也会动态地反映到 h1 标签上，我们通过这种动态绑定的方式灵活地更改标签的样式表。v-bind 指令同样适用于其他 HTML 属性，只需要在其中使用冒号加属性名的方式指
```

定即可。

其实，无论是双括号方式的标签内容插值还是v-bind方式的标签属性插值，除了可以直接将变量插值外，也可以使用基本的JavaScript表达式，例如：

```
<h1 v-bind:id="id1">这里是模板的内容:{{count + 10}}次点击</h1>
```

上面的代码运行后，页面上渲染的数值是count属性增加10之后的结果。有一点需要注意，所有插值的地方如果使用表达式，则只能使用单个表达式，否则会产生异常。

2.1.2 模板指令

本质上，Vue中的模板指令也是HTML标签属性，其通常由前缀"v-"开头，例如前面使用的v-bind、v-once等都是指令。

大部分指令都可以直接设置为JavaScript变量或单个的JavaScript表达式。首先创建一个名为directives.html的测试文件，在其中编写HTML的通用代码后引入Vue框架，之后在body标签中添加如下代码：

```html
<div id="Application">
    <h1 v-if="show">标题</h1>
</div>
<script>
    const App = {
        data() {
            return {
                show:false
            }
        }
    }
    Vue.createApp(App).mount("#Application")
</script>
```

如以上代码所示，其中v-if是一个简单的选择渲染指令，设置为布尔值true时，当前标签元素才会被渲染。

某些特殊的Vue指令也可以指定参数，例如v-bind和v-on指令，对于可以添加参数的指令，参数和指令使用冒号进行分隔，例如：

```
v-bind:style
V-on:click
```

指令的参数本身也可以是动态的，例如我们可以定义区分id选择器和类选择器来定义不同的组件样式，之后动态地切换组件的属性，示例如下：

CSS样式：

```
#h1 {
    color:red;
}
.h1 {
    color:blue
```

}
```

HTML标签定义如下：

```
<h1 v-bind:[prop]="name" v-if="show">标题</h1>
```

在Vue组件中定义属性数据如下：

```
const App = {
    data() {
        return {
            show:true,
            prop:"class",
            name:"h1"
        }
    }
}
```

在浏览器中运行上面的代码，可以看到h1标签被正确地绑定了class属性。

在参数后面还可以为Vue中的指令增加修饰符，修饰符会为Vue指令增加额外的功能，以一个常见的应用场景为例，在网页中，如果有可以输入信息的输入框，通常不希望用户在首尾输入空格符，通过Vue的指令修饰符，可以很容易地实现自动去除首尾空格符的功能，示例代码如下：

```
<input v-model.trim="content">
```

如以上代码所示，我们使用v-model指令将输入框的文本与content属性进行绑定，当用户在输入框中输入的文本首尾有空格符时，以及输入框失去焦点时，Vue会自动帮我们去掉这些首尾空格。

你应该已经体会到了Vue指令的灵活与强大之处，最后我们将介绍Vue中常用的两个缩写。在Vue应用开发中，v-bind和v-on两个指令的使用非常频繁，对于这两个指令，Vue也为开发者提供了更加高效的缩写方式，对于v-bind指令，我们可以直接将其v-bind前缀省略，直接使用冒号加属性名的方式进行绑定，例如v-bind:id ="id"可以缩写为如下模样：

```
:id="id"
```

对于v-on类的事件绑定指令，可以将前缀v-on:使用@符替代，例如v-on:click="myFunc"指令可以缩写成如下模样：

```
@click="myFunc"
```

在后面的学习中你会体验到，有了这两个缩写功能，将大大提高Vue应用的编写效率。

2.2 条件渲染

条件渲染是Vue控制HTML页面渲染的方式之一。很多时候，我们都需要通过条件渲染的方式来控制HTML元素的显示和隐藏。在Vue中，要实现条件渲染，可以使用v-if相关的指令，也可以使用v-show相关的指令。本节将细致地探讨这两种指令的使用。
```

2.2.1 使用 v-if 指令进行条件渲染

v-if指令在之前的测试代码中也简单地使用过，简单来讲，其可以有条件地选择是否渲染一个HTML元素。v-if指令可以设置为一个JavaScript变量或表达式，当变量或表达式为真值时，其指定的元素才会被渲染。为了方便代码测试，我们可以新建一个名为condition.html的测试文件，在其中编写代码。

简单的条件渲染示例如下：

```html
<h1 v-if="show">标题</h1>
```

在上面的代码中，只有当show变量的值为真时当前标题元素才会被渲染，Vue模板中的条件渲染指令v-if类似于JavaScript编程语言中的if语句。我们都知道在JavaScript中，if关键字可以和else关键字结合使用组成if-else块，在Vue模板中也可以使用类似的条件渲染逻辑，v-if指令可以和v-else指令结合使用，示例如下：

```html
<h1 v-if="show">标题</h1>
<p v-else>如果不显示标题就显示段落</p>
```

运行代码可以看到，标题元素与段落元素是互斥出现的，如果根据条件渲染出了标题元素，则不会再渲染出段落元素，如果没有渲染出标题元素，则会渲染出段落元素。需要注意，在将v-if与v-else结合使用时，设置了v-else指令的元素必须紧跟在v-if或v-else-if指令指定的元素后面，否则其不会被识别到。例如下面的代码，运行后效果如图2-3所示。

```html
<h1 v-if="show">标题</h1>
<h1>Hello</h1>
<p v-else>如果不显示标题就显示段落</p>
```

图 2-3　条件渲染示例

其实，如果在 VSCode 中编写了上面的代码并运行，VSCode 开发工具的控制台也会打印出相关异常信息提示你 v-else 指令使用错误，如图 2-4 所示。

图 2-4　VSCode 控制台打印出的异常提示

在v-if与v-else之间，我们还可以插入任意个v-else-if来实现多分支渲染逻辑。在实际应用中，

多分支渲染逻辑也很常用,例如根据学生的分数来将成绩进行分档,就可以使用多分支逻辑,示例代码如下:

```
<h1 v-if="mark == 100">满分</h1>
<h1 v-else-if="mark > 60">及格</h1>
<h1 v-else>不及格</h1>
```

v-if指令的使用必须添加到一个HTML元素上,如果我们需要使用条件同时控制多个标签元素的渲染,有两种方式可以实现。

(1)使用div标签对要进行控制的元素进行包装,示例如下:

```
<div v-if="show">
    <p>内容</p>
    <p>内容</p>
    <p>内容</p>
</div>
```

(2)使用template标签对元素进行分组,示例如下:

```
<template v-if="show">
    <p>内容</p>
    <p>内容</p>
    <p>内容</p>
</template>
```

通常,更推荐使用template分组的方式来控制一组元素的条件渲染逻辑,因为在HTML渲染元素时,使用div包装组件后,div元素本身会被渲染出来,而使用template进行分组的组件渲染后并不会渲染template标签本身。我们可以通过Chrome浏览器来验证这种特性,在Chrome浏览器中按F12按键可以打开开发者工具窗口,也可以通过单击菜单栏中的"更多工具"→"开发者工具"来打开此窗口,如图2-5所示。

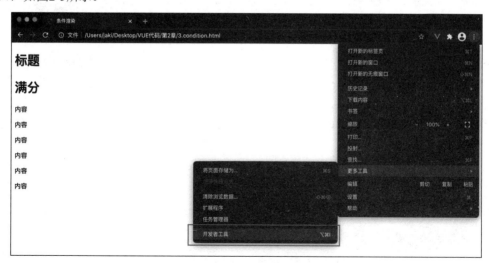

图 2-5　打开 Chrome 的开发者工具

在开发中工具窗口的Elements栏目中可以看到使用div和使用template标签对元素组合包装进

行条件渲染的异同，如图2-6所示。

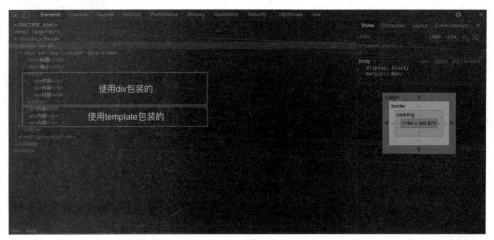

图 2-6 使用 Chrome 开发者工具分析渲染情况

2.2.2 使用 v-show 指令进行条件渲染

v-show指令的基本用法与v-if类似，其也是通过设置条件的值的真假来决定元素的渲染情况的。示例如下：

```
<h1 v-show="show">v-show标题在这里</h1>
```

与v-if不同的是，v-show并不支持template模板，同样也不可以和v-else结合使用。

虽然v-if与v-show的用法非常相似，但是它们的渲染逻辑是天差地别的。

从元素本身的存在性来说，v-if才是真正意义上的条件渲染，其在条件变换的过程中，组件内部的事件监听器都会正常地执行，子组件也会正常地被销毁或重建。同时，v-if采取的是懒加载的方式进行渲染，如果初始条件为假，则关于这个组件的任何渲染工作都不会进行，直到其绑定的条件为真时，才会真正开始渲染此元素。

v-show指令的渲染逻辑只是一种视觉上的条件渲染，实际上无论v-show指令设置的条件是真是假，当前元素都会被渲染，v-show指令只是简单地通过切换元素CSS样式中的display属性来实现展示效果。

我们可以通过Chrome浏览器的开发者工具来观察v-if与v-show指令的渲染逻辑，示例代码如下：

```
<h1 v-if="show">v-if标题在这里</h1>
<h1 v-show="show">v-show标题在这里</h1>
```

当条件为假时，可以看到，v-if指定的元素不会出现在HTML文档DOM结构中，而v-show指定的元素依然会存在，如图2-7所示。

图 2-7 v-if 与 v-show 的区别

由于v-if与v-show这两种指令的渲染原理不同,通常v-if指令有更高的切换性能消耗,而v-show指令有更高的初始渲染性能消耗。在实际开发中,如果组件的渲染条件会比较频繁地切换,则建议使用v-show指令来控制,如果组件的渲染条件在初始指定后就很少变化,则建议使用v-if指令控制。

2.3 循环渲染

在网页中,列表是非常常见的一种组件。在列表中,每一行元素都有相似的UI,只是其填充的数据有所不同,使用Vue中的循环渲染指令,我们可以轻松地构建出列表视图。

2.3.1 v-for 指令的使用方法

在Vue中,v-for指令可以将一个数组中的数据渲染为列表视图。v-for指令需要设置为一种特殊的语法,其格式如下:

```
item in list
```

在上面的格式中,in为语法关键字,其也可以替换为of。

在v-for指令中,item是一个临时变量,其为列表中被迭代出的元素名,list是列表变量本身。我们可以新建一个名为for.html的测试文件,在其body标签中编写如下核心代码:

```
<body>
    <div id="Application">
        <div v-for="item in list">
            {{item}}
        </div>
    </div>
    <script>
        const App = {
            data() {
                return {
                    list:[1,2,3,4,5]
```

```
                }
            }
        }
        Vue.createApp(App).mount("#Application")
    </script>
</body>
```

运行代码，可以看到网页中正常地渲染出了5个div组件，如图2-8所示。

图2-8　循环渲染效果图

更多时候，我们需要渲染的数据都是对象数据，使用对象来对列表元素进行填充，例如定义联系人对象列表如下：

```
list:[
    {
        name: "珲少",
        num: "151xxxxxxxx"
    },
    {
        name: "Jaki",
        num: "151xxxxxxxx"
    },
    {
        name: "Lucy",
        num: "151xxxxxxxx"
    },
    {
        name: "Monki",
        num: "151xxxxxxxx"
    },
    {
        name: "Bei",
        num: "151xxxxxxxx"
    }
]
```

修改要渲染的HTML标签结构如下：

```
<div id="Application">
    <ul>
        <li v-for="item in list">
```

```
            <div>{{item.name}}</div>
            <div>{{item.num}}</div>
        </li>
    </ul>
</div>
```

运行代码，效果如图2-9所示。

图2-9　使用对象数据进行循环渲染

在v-for指令中，我们也可以获取到当前遍历项的索引，示例如下：

```
<ul>
    <li v-for="(item,index) in list">
        <div>{{index + "." + item.name}}</div>
        <div>{{item.num}}</div>
    </li>
</ul>
```

需要注意，index索引的取值是从0开始的。

在上面的示例代码中，v-for指令遍历的为列表，实际上我们也可以对一个JavaScript对象进行v-for遍历。在JavaScript中，列表本身也是一种特殊的对象，我们使用v-for对对象进行遍历时，指令中的第1个参数为遍历的对象中的属性的值，第2个参数为遍历的对象中的属性的名字，第3个参数为遍历的索引。首先，定义对象如下：

```
person: {
    name: "珲少",
    age: "00",
    num: "151xxxxxxxx",
    emali: "xxxx@xx.com"
}
```

我们使用有序列表来承载person对象的数据，代码如下：

```
<ol>
    <li v-for="(value,key,index) in preson">
        {{key}}:{{value}}
    </li>
</ol>
```

运行代码，效果如图2-10所示。

图2-10　将对象数据渲染到页面

需要注意，在使用v-for指令进行循环渲染时，为了更好地对列表项进行重用，我们可以将其key属性绑定为一个唯一值的，代码如下：

```
<ol>
   <li v-for="(value,key,index) in person" :key="index">
      {{key}}:{{value}}
   </li>
</ol>
```

2.3.2　v-for指令的高级用法

当我们使用v-for对列表进行循环渲染后，实际上就实现了对这个数据对象的绑定。当我们调用下面这些函数对列表数据对象进行更新时，视图也会对应地更新：

```
push()        // 向列表尾部追加一个元素
pop()         // 删除列表尾部的一个元素
shift()       // 向列表头部插入一个元素
unshift()     // 删除列表头部的一个元素
splice()      // 对列表进行分割操作
sort()        // 对列表进行排序操作
reverse()     // 对列表进行逆序
```

首先在页面上添加一个按钮来演示列表的逆序操作：

```
<button @click="click">
   逆序
</button>
```

定义Vue函数如下：

```
methods: {
   click() {
      this.list.reverse()
   }
}
```

运行代码，可以看到当单击页面上的按钮时，列表元素的渲染顺序会进行正逆切换。当我们需要对整个列表都进行替换时，直接对列表变量重新赋值即可。

在实际开发中，原始的列表数据往往并不适合直接渲染到页面，v-for指令支持在渲染前对数据进行额外的处理，修改标签如下：

```
<ul>
    <li v-for="(item,index) in handle(list)">
        <div>{{index + "." + item.name}}</div>
        <div>{{item.num}}</div>
    </li>
</ul>
```

上面的代码中，handle为定义的处理函数，在进行渲染前，通过这个函数来对列表数据进行处理。例如，我们可以使用过滤器来进行列表数据的过滤渲染，实现handle函数如下：

```
handle(l) {
    return l.filter(obj => obj.name != "挥少")
}
```

当需要同时循环渲染多个元素时，与v-if指令类似，常用的方式是使用template标签进行包装，例如：

```
<template v-for="(item,index) in handle(list)">
    <div>{{index + "." + item.name}}</div>
    <div>{{item.num}}</div>
</template>
```

2.4 范例：实现待办任务列表应用

通过本章的学习，接下来尝试实现一个简单的待办任务列表应用，其可以展示当前未完成的任务项，也支持添加新的任务以及删除已经完成的任务。

2.4.1 步骤一：使用 HTML 搭建应用框架结构

使用VSCode开发工具新建一个名为todoList.html的文件。在其中编写如下HTML代码：

```
<!DOCTYPE html>
<html lang="en">
<head>
    <meta charset="UTF-8">
    <meta http-equiv="X-UA-Compatible" content="IE=edge">
    <meta name="viewport" content="width=device-width, initial-scale=1.0">
    <title>待办任务列表</title>
    <script src="https://unpkg.com/vue@next"></script>
</head>
<body>
    <div id="Application">
```

```html
            <!-- 输入框元素，用来新建待办任务 -->
            <form @submit.prevent="addTask">
                <span>新建任务</span>
                <input
                v-model="taskText"
                placeholder="请输入任务..."
                />
                <button>添加</button>
            </form>
            <!-- 有序列表，使用v-for来构建 -->
            <ol>
                <li v-for="(item, index) in todos">
                    {{item}}
                    <button @click="remove(index)">
                        删除任务
                    </button>
                    <hr/>
                </li>
            </ol>
        </div>
    </body>
</html>
```

上面的HTML代码主要在页面上定义了两块内容，表单输入框用来新建任务，有序列表用来显示当前待办的任务。运行代码，浏览器中展示的页面效果如图2-11所示。

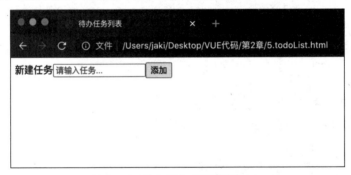

图2-11 待办任务应用页面布局

目前，页面中只展示了一个表单输入框，要将待办的任务添加进去，还需要实现JavaScript代码逻辑。

2.4.2 步骤二：实现待办任务列表的逻辑开发

在2.4.1节编写的代码的基础上，我们来实现JavaScript的相关逻辑。示例代码如下：

```
<script>
    const App = {
        data() {
            return {
```

```
            // 待办任务列表数据
            todos:[],
            // 当前输入的待办任务
            taskText: ""
        }
    },
    methods: {
        // 添加一条待办任务
        addTask() {
            // 判断输入框是否为空
            if (this.taskText.length == 0) {
                alert("请输入任务")
                return
            }
            this.todos.push(this.taskText)
            this.taskText = ""
        },
        // 删除一条待办任务
        remove(index) {
            this.todos.splice(index, 1)
        }
    }
}
Vue.createApp(App).mount("#Application")
</script>
```

再次运行代码，尝试在输入框中输入一些待办任务进行添加，之后可以看到，列表中已经能够将添加的任务按照添加顺序展示出来。当我们单击每一条待办任务旁边的"删除任务"按钮时，可以将当前栏目删掉，如图2-12所示。

图2-12 待办任务应用效果

可以看到，通过Vue，我们只使用了不到30行的核心代码就完成了待办任务列表的逻辑开发。Vue在实际开发中带来的效率提升可见一斑。目前，我们的应用页面还非常简陋，并且每次刷新页面后，已经添加的待办任务会消失。如果你有兴趣，可以尝试添加一些CSS样式表来使应用的页面更加漂亮一些，通过使用前端的一些持久化功能，也可以对待办任务数据进行持久化的本地存储，这些技术后面会逐步向读者介绍。

2.5 小结与练习

本章基于Vue的模板语法介绍了Vue框架中非常重要的模板插值、模板指令等相关技术，详细介绍了如何使用Vue进行组件的条件渲染和循环渲染。本章的内容是Vue框架中的核心内容之一，仅仅使用这些技术已经可以让前端网页开发效率得到很大的提升。下面这些知识点你是否已经掌握了呢？挑战一下吧！

练习1：Vue是如何实现组件与数据间的绑定的？
温馨提示：从模板语法上分析，简述v-bind和v-model的用法与异同。

练习2：在Vue中有v-if与v-show两种条件渲染指令，它们分别怎么使用？有何异同？
温馨提示：v-if与v-show在渲染方式上有着本质的差别，从此处分析其适合的应用场景。

练习3：Vue中的模板插值应该如何使用，其是否可直接插入HTML文本？
温馨提示：需要熟练掌握v-html指令的应用。

第3章

Vue 组件的属性和方法

在定义Vue组件时，属性和方法是很重要的两部分。我们创建组件时，实现了其内部的data方法，这个方法会返回一个对象，此对象中定义的数据会存储在组件实例中，并通过响应式的更新原理来影响页面渲染。

方法定义在Vue组件的methods选项中，其与属性一样，可以在组件中访问到。本章将介绍有关Vue组件中属性与方法的相关基础知识，以及计算属性和侦听器的应用。

通过本章，你将学习到：

- 属性的基础知识。
- 方法的基础知识。
- 计算属性的应用。
- 侦听器的应用。
- 如何进行函数的限流。
- 表单的数据绑定技术。
- 使用 Vue 进行样式绑定。

3.1 属性与方法基础

前面我们编写Vue组件时，组件的数据都放在了data选项中，Vue组件的data选项是一个函数，组件在被创建时会调用此函数来构建响应性的数据系统。首先创建一个名为dataMethod.html的文件来编写本节的示例代码。

3.1.1 属性基础

在Vue组件中定义的属性数据,我们可以直接使用组件来调用,这是因为Vue在组织数据时,任何定义的属性都会暴露在组件中。实际上,这些属性数据是存储在组件的$data对象中的,示例如下:

```
// 定义组件
const App = {
    data() {
        return {
            count:0,
        }
    }
}
// 创建组件并获取组件实例
let instance = Vue.createApp(App).mount("#Application")
// 可以获取到组件中的data数据
console.log(instance.count)
// 可以获取到组件中的data数据
console.log(instance.$data.count)
```

运行上面的代码,通过控制台的打印可以看出,使用组件实例直接获取属性与使用$data的方式获取属性的结果是一样的,本质上访问的数据也是同一块数据,无论使用哪种方式对数据进行修改,两种方式获取到的值都会改变,示例如下:

```
// 修改属性
instance.count = 5
// 下面获取到的count的值为5
console.log(instance.count)
console.log(instance.$data.count)
```

需要注意,在实际开发中,我们也可以动态地向组件实例中添加属性,但是这种方式添加的属性不能被响应式系统跟踪,其变化无法同步到页面元素。

3.1.2 方法基础

组件的方法被定义在methods选项中,我们在实现组件的方法时,可以放心地在其中使用this关键字,Vue自动将其绑定到当前组件实例本身。例如,添加一个add方法如下:

```
methods: {
    add() {
        this.count ++
    }
}
```

我们可以将其绑定到HTML元素上，也可以直接使用组件实例来调用此方法，实例如下：

```
// 0
console.log(instance.count)
instance.add()
// 1
console.log(instance.count)
```

3.2 计算属性和侦听器

大多数情况下，我们都可以将Vue组件中定义的属性数据直接渲染到HTML元素上，但是有些场景下，属性中的数据并不适合直接渲染，需要处理后再进行渲染。在Vue中，我们通常使用计算属性或侦听器来实现这种逻辑。

3.2.1 计算属性

在前面章节的示例代码中，我们定义的属性都是存储属性。存储属性的值是我们直接定义好的，当前属性只是起到了存储这些值的作用。在Vue中，与之相对的还有计算属性，计算属性并不是用来存储数据的，而是通过一些计算逻辑来实时地维护当前属性的值。以3.1节的代码为基础，假设我们需要在组件中定义一个type属性，当组件的count属性不大于10时，type属性的值为"小"，否则type属性的值为"大"。示例代码如下：

```
// 定义组件
const App = {
    data() {
        return {
            count:0,
        }
    },
    // computed选项定义计算属性
    computed: {
        type() {
            return this.count > 10 ? "大" : "小"
        }
    },
    methods: {
        add() {
            this.count ++
        }
```

```
    }
  }
  // 创建组件并获取组件实例
  let instance = Vue.createApp(App).mount("#Application")
  // 像访问普通属性一样访问计算属性
  console.log(instance.type)
```

如以上代码所示,计算属性定义在Vue组件的computed选项中,在使用时,我们可以像访问普通属性那样访问它。通常计算属性最终的值都是由存储属性通过逻辑运算得来的。计算属性强大的地方在于,当会影响其值的存储属性发生变化时,计算属性也会同步进行更新,如果有元素绑定了计算属性,其也会同步进行更新。例如,编写HTML代码如下:

```
<div id="Application">
    <div>{{type}}</div>
    <button @click="add">Add</button>
</div>
```

运行代码,单击页面上的按钮,当组件count的值超过10时,页面上对应的文案会更新成"大"。

3.2.2 使用计算属性还是函数

对于3.2.1节示例的场景,我们也可以使用函数来实现,示例代码如下:

HTML元素:

```
<div id="Application">
    <div>{{typeFunc()}}</div>
    <button @click="add">Add</button>
</div>
```

Vue组件定义:

```
const App = {
    data() {
        return {
            count:0,
        }
    },
    computed: {
        type() {
            return this.count > 10 ? "大" : "小"
        }
    },
    methods: {
        add() {
            this.count ++
        },
        typeFunc() {
            return this.count > 10 ? "大" : "小"
        }
```

从代码的运行行为上看，使用函数与使用计算属性的结果完全一致。然而事实上，计算属性是基于其所依赖的存储属性的值的变化而重新计算的，计算完成后，其结果会被缓存，下次访问计算属性时，只要其所依赖的属性没有变化，其内的逻辑代码就不会重复执行。而函数则不同，每次访问其都会重新执行函数内的逻辑代码得到的结果。因此，在实际应用中，我们可以根据是否需要缓存这一标准来选择使用计算属性或函数。

3.2.3　计算属性的赋值

　　存储属性主要用于数据的存取，我们可以使用赋值运算来修改属性值。通常，计算属性只用来取值，不会用来存值，因此计算属性默认提供的是取值的方法，通常称之为get方法。但是这并不代表计算属性不支持赋值，计算属性也可以通过赋值进行存数据操作，存数据的方法我们需要手动实现，通常称之为set方法。

　　例如，修改上一节编写的代码中的type计算属性：

```
computed: {
    type: {
        // 实现计算属性的get方法，用来取值
        get() {
            return this.count > 10 ? "大" : "小"
        },
        // 实现计算属性的set方法，用来设置值
        set(newValue) {
            if (newValue == "大") {
                this.count = 11
            } else {
                this.count = 0
            }
        }
    }
}
```

　　可以直接使用组件实例计算属性type的赋值，赋值时会调用我们定义的set方法，从而实现对存储属性count的修改，示例如下：

```
let instance = Vue.createApp(App).mount("#Application")
// 初始值为0
console.log(instance.count)
// 初始状态为"小"
console.log(instance.type)
// 对计算属性进行修改
instance.type = "大"
// 打印结果为11
console.log(instance.count)
```

　　如以上代码所示，在实际使用中，计算属性对使用方是透明的，我们无须关心某个属性是不

是计算属性，按照普通属性的方式对其进行使用即可。但是要额外注意，如果一个计算属性只实现了get方法而没有实现set方法，则在使用时只能进行取值操作，而不能进行赋值操作。在Vue中，这类只实现了get方法的计算属性也被称为只读属性，如果对一个只读属性进行赋值操作，则会产生异常，响应的控制台会输出如下异常信息：

```
[Vue warn]: Write operation failed: computed property "type" is readonly.
```

3.2.4 属性侦听器

属性侦听是Vue非常强大的功能之一。使用属性侦听器可以方便地监听某个属性的变化，以完成复杂的业务逻辑。相信大部分使用互联网的人都使用过搜索引擎，以百度搜索引擎为例，当我们向搜索框中写入关键字后，网页上会自动关联一些推荐词供用户选择，如图3-1所示，这种场景就非常适合使用监听器来实现。

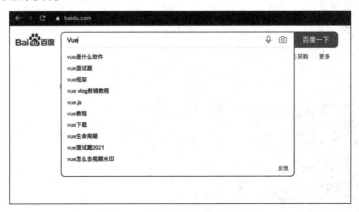

图 3-1　搜索引擎的推荐词功能

在定义Vue组件时，可以通过watch选项来定义属性侦听器。首先，创建一个名为watch.html的文件，在其中编写如下测试代码：

```
<!DOCTYPE html>
<html lang="en">
<head>
    <meta charset="UTF-8">
    <meta http-equiv="X-UA-Compatible" content="IE=edge">
    <meta name="viewport" content="width=device-width, initial-scale=1.0">
    <title>Document</title>
    <script src="https://unpkg.com/vue@next"></script>
</head>
<body>
    <div id="Application">
        <input v-model="searchText"/>
    </div>
    <script>
        const App = {
            data() {
                return {
```

```
                    searchText:""
                }
            },
            watch: {
                searchText(oldValue, newValue) {
                    if (newValue.length > 10) {
                        alert("文本太长了")
                    }
                }
            }
        }
        Vue.createApp(App).mount("#Application")
    </script>
</body>
</html>
```

运行上面的代码，尝试在页面的输入框中输入一些字符，可以看到当输入框中的字符超过10个时，就会有警告框弹出，提示输入文本过长，如图3-2所示。

图 3-2　属性侦听器应用示例

从一些特性上看，属性侦听器和计算属性有类似的应用场景，使用计算属性的set方法也可以实现与上面的示例代码类似的功能。

3.3　进行函数限流

在工程开发中，限流是一个非常重要的概念。我们在实际开发中也经常会遇到需要进行限流的场景，例如网页上的某个按钮当用户单击后会从后端服务器进行数据的请求，在数据请求回来之前，用户额外的单击是无效的且消耗性能的。或者，网页中某个按钮会导致页面的更新，我们需要限制用户对其频繁地进行操作。这时就可以使用限流函数，常见的限流方案是根据时间间隔进行限流，即在指定的时间间隔内不允许重复执行同一函数。

本节将讨论如何在前端开发中使用限流函数。

3.3.1 手动实现一个简易的限流函数

我们先来尝试手动实现一个基于时间间隔的限流函数，要实现这样一个功能：页面中有一个按钮，单击按钮后通过打印方法在控制台输出当前的时间，要求这个按钮的两次事件触发间隔不能小于2秒。

新建一个名为throttle.html的测试文件，分析我们需要实现的功能，直接的思路是使用一个变量来控制按钮事件是否可触发，在触发按钮事件时对此变量进行修改，并使用setTimeout函数来控制2秒后将变量的值还原。使用这个思路来实现限流函数非常简单，示例代码如下：

```
<!DOCTYPE html>
<html lang="en">
<head>
    <meta charset="UTF-8">
    <meta http-equiv="X-UA-Compatible" content="IE=edge">
    <meta name="viewport" content="width=device-width, initial-scale=1.0">
    <title>限流函数</title>
    <script src="https://unpkg.com/vue@next"></script>
</head>
<body>
    <div id="Application">
        <button @click="click">按钮</button>
    </div>
    <script>
        const App = {
            data() {
                return {
                    throttle:false
                }
            },
            methods: {
                click() {
                    if (!this.throttle) {
                        console.log(Date())
                    } else {
                        return
                    }
                    this.throttle = true
                    setTimeout(() => {
                        this.throttle = false
                    }, 2000);
                }
            }
        }
        Vue.createApp(App).mount("#Application")
    </script>
</body>
</html>
```

运行上面的代码，快速单击页面上的按钮，从VSCode控制台可以看到，无论按钮被单击了多少次，打印方法都按照每2秒最多执行1次的频率进行限流。其实，在上述示例代码中，限流本身是一种通用的逻辑，打印时间才是业务逻辑，因此我们可以将限流的逻辑封装成单独的工具方法，修改核心JavaScript代码如下：

```javascript
var throttle = false
function throttleTool(callback, timeout) {
    if (!throttle) {
        callback()
    } else {
        return
    }
    throttle = true
    setTimeout(() => {
        throttle = false
    }, timeout)
}
const App = {
    methods: {
        click() {
            throttleTool(()=>{
                console.log(Date())
            }, 2000)
        }
    }
}
Vue.createApp(App).mount("#Application")
```

再次运行代码，程序依然可以正确地运行。现在我们已经有了一个限流工具，可以为任意函数增加限流功能，并且可以任意地设置限流的时间间隔。

3.3.2 使用 Lodash 库进行函数限流

目前我们已经了解了限流函数的实现逻辑，在3.3.1节中也手动实现了一个简单的限流工具，尽管其能够满足当前的需求，细细分析，还有许多需要优化的地方。在实际开发中，每个业务函数需要的限流间隔都不同，而且需要各自独立地进行限流，我们自己编写的限流工具就无法满足了，但是得益于JavaScript生态的繁荣，有许多第三方工具库都提供了函数限流功能，它们强大且易用，Lodash库就是其中之一。

Lodash是一款高性能的JavaScript实用工具库，其提供了大量的数组、对象、字符串等边界的操作方法，使开发者可以更加简单地使用JavaScript来编程。

Lodash库中提供了debounce函数来进行方法的调用限流，要使用它，首先需要引入Lodash库，代码如下：

```html
<script src="https://unpkg.com/lodash@4.17.20/lodash.min.js"></script>
```

以3.3.1节编写的代码为例，修改代码如下：

```
const App = {
    methods: {
        click: _.debounce(function(){
            console.log(Date())
        }, 2000)
    }
}
```

运行代码，体验一下Lodash限流函数的功能。

3.4 表单数据的双向绑定

双向绑定是Vue中处理用户交互的一种方式，文本输入框、多行文本输入区域、单选框与多选框等都可以进行数据的双向绑定。新建一个名为input.html的文件用来编写本节的测试代码。

3.4.1 文本输入框

文本输入框的数据绑定我们之前也使用过，使用Vue的v-model指令直接设置即可，非常简单，示例如下：

```
<!DOCTYPE html>
<html lang="en">
<head>
    <meta charset="UTF-8">
    <meta http-equiv="X-UA-Compatible" content="IE=edge">
    <meta name="viewport" content="width=device-width, initial-scale=1.0">
    <title>表单输入</title>
    <script src="https://unpkg.com/vue@next"></script>
</head>
<body>
    <div id="Application">
        <input v-model="textField"/>
        <p>文本输入框内容:{{textField}}</p>
    </div>
    <script>
        const App = {
            data() {
                return {
                    textField:""
                }
            }
        }
        Vue.createApp(App).mount("#Application")
    </script>
</body>
</html>
```

运行代码,当输入框中输入的文本发生变化的时候,我们可以看到段落中的文本也会同步产生变化。

3.4.2 多行文本输入区域

多行文本可以使用textarea标签来实现,textarea可以方便地定义一块区域用来显示和输入多行文本,文本支持换行,并且可以设置最多可以输入多少文本。textarea的数据绑定方式与input一样,示例代码如下:

```
<textarea v-model="textarea"></textarea>
<p style="white-space: pre-line;">多行文本内容:{{textarea}}</p>
```

在上面的代码中,为p标签设置white-space样式是为了使其可以正常地展示多行文本中的换行,运行效果如图3-3所示。

图 3-3　输入多行文本

需要注意,textarea元素只能通过v-model指令的方式来设置内容,不能直接在标签内插入文本,例如下面的代码是错误的:

```
<textarea v-model="textarea">{{text}}</textarea>
```

3.4.3 复选框与单选框

复选框为网页提供多项选择的功能,当将HTML中的input标签的类型设置为checkbox时,其就会以复选框的样式进行渲染。复选框通常成组出现,每个选项的状态只有两种:选中或未选中,如果只有一个复选框,在使用v-model指令进行数据绑定时,可以直接将其绑定为布尔值,示例如下:

```
<input type="checkbox" v-model="checkbox"/>
<p>{{checkbox}}</p>
```

运行上面的代码,当复选框的选中状态发生变化时,对应的属性checkbox的值也会切换。更多时候复选框都是成组出现的,这时我们可以为每一个复选框元素设置一个特殊的值。通过数组属性的绑定来获取每个复选框是否被选中,如果被选中,则数组中会存在其所关联的值;如果没有被选中,则数组中其关联的值会被删除掉。示例如下:

```
<input type="checkbox" value="足球" v-model="checkList"/>足球
<input type="checkbox" value="篮球" v-model="checkList"/>篮球
<input type="checkbox" value="排球" v-model="checkList"/>排球
```

```
<p>{{checkList}}</p>
```

运行代码，效果如图3-4所示。

图 3-4　进行复选框数据绑定

单选框的数据绑定逻辑与复选框类似，对每一个单选框元素都可以设置一个特殊的值，并将同一组单选框绑定到同一个属性中即可，同一组中的某个单选框被选中时，对应的其绑定的变量的值也会替换为当前选中的单选框的值，示例如下：

```
<input type="radio" value="男" v-model="sex"/>男
<input type="radio" value="女" v-model="sex"/>女
<p>{{sex}}</p>
```

运行代码，效果如图3-5所示。

图 3-5　进行单选框数据绑定

3.4.4　选择列表

选择列表能够给用户一组选项进行选择，其可以支持单选，也可以支持多选。HTML中使用select标签来定义选择列表。如果是单选的选择列表，可以将其直接绑定到Vue组件的一个属性上，如果是支持多选的选择列表，则可以将其绑定到数组属性上。单选的选择列表示例代码如下：

```
<select v-model="select">
    <option>男</option>
    <option>女</option>
</select>
<p>{{select}}</p>
```

在select标签内部，option标签用来定义一个选项，若要使选择列表支持多选操作，则只需要为其添加上multiple属性即可，示例如下：

```
<select v-model="selectList" multiple>
    <option>足球</option>
    <option>篮球</option>
    <option>排球</option>
</select>
<p>{{selectList}}</p>
```

之后，在页面中进行选择时，按住command（control）按键即可进行多选，效果如图3-6所示。

图 3-6　进行选择列表数据绑定

3.4.5　两个常用的修饰符

在对表单进行数据绑定时，我们可以使用修饰符来控制绑定指令的一些行为。比较常用的修饰符有lazy和trim。

lazy修饰符的作用有些类似于属性的懒加载。当我们使用v-model指令对文本输入框进行绑定时，每当输入框中的文本发生变化，其都会同步修改对应的属性的值。在某些业务场景下，我们并不需要实时关注输入框中文案的变化，只需要当用户输入完成后再进行数据逻辑的处理，这时就可以使用lazy修饰符，示例如下：

```
<input v-model.lazy="textField"/>
<p>文本输入框内容:{{textField}}</p>
```

运行上面的代码，只有当用户完成输入，即输入框失去焦点后，段落中才会同步到输入框中最终的文本数据。

trim修饰符的作用是将绑定的文本数据的首尾空格去掉，在很多应用场景中，用户输入的文案都是要提交到服务端进行处理的，trim修饰符处理首尾空格的特性可以为开发者提供很大的方便，示例代码如下：

```
<input v-model.trim="textField"/>
<p>文本输入框内容:{{textField}}</p>
```

3.5　样式绑定

我们可以通过HTML元素的class属性、id属性或直接使用标签名来进行CSS样式的绑定，其中常用的是使用class的方式进行样式绑定。在Vue中，对class属性的数据绑定做了特殊的增强，我们可以方便地通过布尔变量控制其设置的样式是否被选用。

3.5.1　为 HTML 标签绑定 Class 属性

v-bind指令虽然可以直接对class属性进行数据绑定，但如果将绑定的值设置为一个对象，其就会产生一种新的语法规则，设置的对象中可以指定对应的class样式是否被选用。首先创建一个名为class.html的测试文件，在其中编写如下示例代码：

```html
<!DOCTYPE html>
<html lang="en">
<head>
    <meta charset="UTF-8">
    <meta http-equiv="X-UA-Compatible" content="IE=edge">
    <meta name="viewport" content="width=device-width, initial-scale=1.0">
    <title>Class绑定</title>
    <script src="https://unpkg.com/vue@next"></script>
    <style>
        .red {
            color:red
        }
        .blue {
            color:blue
        }
    </style>
</head>
<body>
    <div id="Application">
        <div :class="{blue:isBlue,red:isRed}">
            示例文案
        </div>
    </div>
    <script>
        const App = {
            data() {
                return {
                    isBlue:true,
                    isRed:false,
                }
            }
        }
        Vue.createApp(App).mount("#Application")
    </script>
</body>
</html>
```

如以上代码所示，其中div元素的class属性的值会根据isBlue和isRed属性的值而改变，当只有isBlue属性的值为true时，div元素的class属性为blue；当只有isRed属性的值为true时，div元素的class属性为red。需要注意，class属性可绑定的值并不会冲突，如果设置的对象中有多个属性的值都是true，则都会被添加到class属性中。

在实际开发中，并不一定要用内联的方式为class绑定控制对象，我们也可以直接将其设置为一个Vue组件中的数据对象，修改代码如下：

HTML元素：

```html
<div :class="style">
    示例文案
</div>
```

Vue组件：

```
const App = {
    data() {
        return {
            style:{
                blue:true,
                red:false
            }
        }
    }
}
```

修改后代码的运行效果与之前完全一样，更多时候我们可以将样式对象作为计算属性返回，使用这种方式进行组件样式的控制非常高效。

Vue还支持使用数组对象来控制class属性，示例如下：

HTML元素：

```
<div :class="[redClass, fontClass]">
    示例文案
</div>
```

Vue组件：

const App = {

```
    data() {
        return {
            redClass:"red",
            fontClass:"font"
        }
    }
}
```

3.5.2 绑定内联样式

内联样式是指直接通过HTML元素的style属性来设置样式，style属性可以直接通过JavaScript对象来设置样式，我们可以直接在其内部使用Vue属性，示例代码如下：

HTML元素：

```
<div :style="{color:textColor,fontSize:textFont}">
    示例文案
</div>
```

Vue组件：

```
const App = {
    data() {
        return {
            textColor:'green',
            textFont:'50px'
```

```
            }
        }
    }
```

需要注意，内联设置的CSS与外部定义的CSS有一点区别，外部定义的CSS属性在命名时，多采用"-"符号进行连接（如font-size），而内联的CSS中属性的命名采用的是驼峰命名法（如fontSize）。

内联style同样支持直接绑定对象属性，直接绑定对象属性在实际开发中更加常用，使用计算属性来承载样式对象可以十分方便地进行动态样式更新。

3.6 范例：实现一个功能完整的用户注册页面

本节尝试来完成一个功能完整的用户注册页面，并通过一些简单的 CSS 样式来使页面布局得漂亮一些。

3.6.1 步骤一：搭建用户注册页面

我们计划搭建一个用户注册页面，页面由标题、一些信息输入框、偏好设置和确认按钮这几个部分组成。首先，创建一个名为register.html的测试文件，按照常规的开发习惯，我们先来搭建HTML框架结构，编写代码如下：

```
<div class="container" id="Application">
    <div class="container">
        <div class="subTitle">加入我们，一起创造美好世界</div>
        <h1 class="title">创建你的账号</h1>
        <div v-for="(item, index) in fields" class="inputContainer">
            <div class="field">{{item.title}} <span v-if="item.required" style="color: red;">*</span></div>
            <input class="input" :type="item.type" />
            <div class="tip" v-if="index == 2">请确认密码程度需要大于6位</div>
        </div>
        <div class="subContainer">
            <div class="setting">偏好设置</div>
            <input class="checkbox" type="checkbox" /><label class="label">接收更新邮件</label>
        </div>
        <button class="btn">创建账号</button>
    </div>
</div>
```

上面的代码提供了主页页面所需要的所有元素，并且为元素指定了class属性，同时也集成了一些Vue的逻辑，例如循环渲染和条件渲染。下面定义Vue组件，示例代码如下：

```
const App = {
    data() {
```

```
            return {
                fields:[
                    {
                        title:"用户名",
                        required:true,
                        type:"text"
                    },{
                        title:"邮箱地址",
                        required:false,
                        type:"text"
                    },{
                        title:"密码",
                        required:true,
                        type:"password"
                    }
                ],
            }
        }
    }
Vue.createApp(App).mount("#Application")
```

上面的代码定义了Vue组件中与页面布局相关的一些属性,截至目前我们还没有处理与用户交互相关的逻辑,先将页面元素的CSS样式补齐,示例代码如下:

```
<style>
    .container {
        margin:0 auto;
        margin-top: 70px;
        text-align: center;
        width: 300px;
    }
    .subTitle {
        color:gray;
        font-size: 14px;
    }
    .title {
        font-size: 45px;
    }
    .input {
        width: 90%;
    }
    .inputContainer {
        text-align: left;
        margin-bottom: 20px;
    }
    .subContainer {
        text-align: left;
    }
    .field {
        font-size: 14px;
    }
```

```css
.input {
    border-radius: 6px;
    height: 25px;
    margin-top: 10px;
    border-color: silver;
    border-style: solid;
    background-color: cornsilk;
}
.tip {
    margin-top: 5px;
    font-size: 12px;
    color: gray;
}
.setting {
    font-size: 9px;
    color: black;
}
.label {
    font-size: 12px;
    margin-left: 5px;
    height: 20px;
    vertical-align:middle;
}
.checkbox {
    height: 20px;
    vertical-align:middle;
}
.btn {
    border-radius: 10px;
    height: 40px;
    width: 300px;
    margin-top: 30px;
    background-color: deepskyblue;
    border-color: blue;
    color: white;
}
</style>
```

运行代码，页面效果如图3-7所示。

在注册页面中，元素的UI效果预示了其部分功能，例如在输入框上方有些标了红星，表示此项是必填项，即如果用户不填写，将无法完成注册操作。对于密码输入框，我们将其类型设置为password，当用户在输入文本时，此项会被自动加密。下一节将重点对页面的用户交互逻辑进行处理。

图 3-7 简洁的用户注册页面

3.6.2 步骤二：实现注册页面的用户交互

以我们编写好的注册页面为基础，本节来为其添加用户交互逻辑。在用户单击注册按钮时，我们需要获取用户输入的用户名、密码、邮箱和偏好设置，其中用户名和密码是必填项，并且密码的长度需要大于6位，对于用户输入的邮箱，也可以使用正则来对其进行校验，只有格式正确的邮箱才允许被注册。

由于页面中的3个文本输入框是通过循环动态渲染的，因此在对其进行绑定时，我们也需要采用动态的方式进行绑定。首先在HTML元素中将需要绑定的变量设置好，示例如下：

```
<div class="container" id="Application">
    <div class="container">
        <div class="subTitle">加入我们，一起创造美好世界</div>
        <h1 class="title">创建你的账号</h1>
        <div v-for="(item, index) in fields" class="inputContainer">
            <div class="field">{{item.title}} <span v-if="item.required" style="color: red;">*</span></div>
            <input v-model="item.model" class="input" :type="item.type" />
            <div class="tip" v-if="index == 2">请确认密码程度需要大于6位</div>
        </div>
        <div class="subContainer">
            <div class="setting">偏好设置</div>
            <input v-model="receiveMsg" class="checkbox" type="checkbox" /><label class="label">接收更新邮件</label>
        </div>
```

```
        <button @click="createAccount" class="btn">创建账号</button>
    </div>
</div>
```

完善Vue组件如下:

```
const App = {
    data() {
        return {
            fields:[
                {
                    title:"用户名",required:true,type:"text",
                    model:""
                },{
                    title:"邮箱地址",required:false,type:"text",
                    model:""
                },{
                    title:"密码",required:true,type:"password",
                    model:""
                }
            ],
            receiveMsg:false
        }
    },
    computed:{
        name: {
            get() {
                return this.fields[0].model
            },
            set(value){
                this.fields[0].model = value
            }
        },
        email: {
            get() {
                return this.fields[1].model
            },
            set(value){
                this.fields[1].model = value
            }
        },
        password: {
            get() {
                return this.fields[2].model
            },
            set(value){
                this.fields[2].model = value
            }
        }
    },
    methods:{
```

```
            emailCheck() {
                var verify = /^\w[-\w.+]*@([A-Za-z0-9][-A-Za-z0-9]+\.)+[A-Za-z]{2,14}/;
                if (!verify.test(this.email)) {
                    return false
                } else {
                    return true
                }
            },
            createAccount() {
                if (this.name.length == 0) {
                    alert("请输入用户名")
                    return
                } else if (this.password.length <= 6) {
                    alert("密码设置需要大于6位字符")
                    return
                } else if (this.email.length > 0 && !this.emailCheck(this.email)){
                    alert("请输入正确的邮箱")
                    return
                }
                alert("注册成功")
console.log(`name:${this.name}\npassword:${this.password}\nemail:${this.email}\nreceiveMsg:${this.receiveMsg}`)
            }
        }
    }
    Vue.createApp(App).mount("#Application")
```

上面的代码通过配置输入框field对象来实现动态数据绑定，为了方便值的操作，我们使用计算属性对几个常用的输入框数据实现了便捷的存取方法，这些技巧都是本章介绍的核心内容。当用户单击"创建账号"按钮时，createAccount方法会进行一些有效性校验，我们对每个字段需要满足的条件依次进行校验即可，上面的示例代码使用了正则表达式对邮箱地址的有效性进行检查。

现在运行代码，在浏览器中尝试进行用户注册的操作。截至目前，我们完成了一个较为完善的客户端的注册页面，在实际应用中，最终的注册操作还需要与后端进行交互。

3.7 小结与练习

本章介绍了Vue组件中有关属性和方法的基础应用，并且通过一个较为完整的范例练习了数据绑定、循环与条件渲染以及计算属性相关的核心知识。相信通过本章的学习，读者对Vue的使用可以有了更深的理解。

练习1：Vue中的计算属性和普通属性有什么区别？
温馨提示：普通属性的本质是存储属性，计算属性的本质是调用函数。从此方面思考其异同，并且思考它们各自适用的场景。

练习2：属性侦听器的作用是什么？

温馨提示：当数据变化会触发其他相关的业务逻辑时，可以尝试使用属性监听器来实现。

练习3：你能够手动实现一个限流函数吗？

温馨提示：结合本章中的示例思考实现限流函数的核心思路。

第4章

处理用户交互

处理用户交互实际上就是对用户操作事件的监听和处理。在Vue中，使用v-on指令来进行事件的监听和处理，更多时候我们会使用其缩写方式@代替v-on指令。

对于网页应用来说，事件的监听主要分为两类：键盘按键事件和鼠标操作事件。本章将系统地介绍在Vue中监听和处理事件的方法。

通过本章，你将学习到：

- 事件监听和处理的方法。
- Vue 中的多事件处理功能的使用。
- Vue 中的事件修饰符的使用。
- 键盘事件与鼠标事件的处理。

4.1 事件的监听与处理

v-on指令（通常使用@符号代替）用来为DOM事件绑定监听，其可以设置为一个简单的JavaScript语句，也可以设置为一个JavaScript函数。

4.1.1 事件监听示例

关于DOM事件的绑定，在前面章节中也简单地使用过，首先创建一个名为event.html的示例文件，编写简单的测试代码如下：

```html
<!DOCTYPE html>
<html lang="en">
<head>
    <meta charset="UTF-8">
    <meta http-equiv="X-UA-Compatible" content="IE=edge">
    <meta name="viewport" content="width=device-width, initial-scale=1.0">
    <title>事件绑定</title>
    <script src="https://unpkg.com/vue@next"></script>
</head>
<body>
    <div id="Application">
        <div>点击次数:{{count}}</div>
        <button @click="click">点击</button>
    </div>
    <script>
        const App = {
            data() {
                return {
                    count:0
                }
            },
            methods: {
                click() {
                    this.count += 1
                }
            }
        }
        Vue.createApp(App).mount("#Application")
    </script>
</body>
</html>
```

在浏览器中运行上面的代码，当单击页面中的按钮时会执行click函数，从而改变count属性的值，并可以在页面上实时地看到变化的效果。使用@click直接绑定单击事件方法，是一种基础的用户交互处理方式。当然，我们也可以直接将要执行的逻辑代码放入@click赋值的地方，代码如下：

```html
<button @click="this.count += 1">点击</button>
```

修改后代码的运行效果和修改前没有任何差异，只是通常事件的处理方法都不是单行JavaScript代码可以搞定的，更多时候我们会采用绑定方法函数的方式来处理事件。在上面的代码中，定义的click函数并没有参数，实际上当触发了我们绑定的事件函数时，系统会自动将当前的Event对象传递到函数中去，如果需要使用到此Event对象，定义的处理函数往往是下面这样的：

```js
click(event) {
    console.log(event)
    this.count += 1
}
```

你可以尝试一下，Event对象中会存储当前事件的很多信息，例如事件类型、鼠标位置、键盘按键情况等。

你或许会问，如果DOM元素绑定执行事件的函数需要传自定义的参数怎么办？以上面的代码为例，如果这个计数器的步长是可以设置的，例如通过函数的参数来进行控制，修改click方法如下：

```
click(step) {
    this.count += step
}
```

在进行事件绑定时，可以采用内联处理的方式设置函数的参数，示例代码如下：

```
<button @click="click(2)">点击</button>
```

再次运行代码，单击页面上的按钮，可以看到计数器将以2为步长进行增加。如果在自定义传参的基础上，我们需要使用系统的Event对象参数，可以使用$event来传递此参数，例如修改click函数如下：

```
click(step, event) {
    console.log(event)
    this.count += step
}
```

使用如下方式绑定事件：

```
<button @click="click(2, $event)">点击</button>
```

4.1.2 多事件处理

多事件处理是指对于同一个用户交互事件，需要调用多个方法进行处理。当然，一种比较简单的方式是编写一个聚合函数作为事件的处理函数，但是在Vue中，绑定事件时支持使用逗号对多个函数进行调用绑定，以4.1.1节的代码为例，click函数实际上完成了两个功能：计数和打印Log。我们可以将这两个功能拆分开来，改写如下：

```
methods: {
    click(step) {
        this.count += step
    },
    log(event) {
        console.log(event)
    }
}
```

需要注意，如果要进行多事件处理，在绑定事件时都要采用内联调用的方式绑定，代码如下：

```
<button @click="click(2), log($event)">点击</button>
```

4.1.3 事件修饰符

在学习事件修饰符前，我们首先来回顾一下DOM事件的传递原理。当我们在页面上触发了一个单击事件时，事件首先会从父组件开始依次传递到子组件，这一过程通常被形象地称为事件捕获，当事件传递到最上层的子组件时，其还会逆向地再进行一轮传递，从子组件依次向下传递，这一过程被称为事件冒泡。我们在Vue中使用@click的方式绑定事件时,默认监听的是DOM事件的冒泡阶段,即从子组件传递到父组件的这一过程。

编写一个事件示例组件,代码如下:

```
<div @click="click1" style="border:solid red">
    外层
    <div @click="click2" style="border:solid red">
        中层
        <div @click="click3" style="border:solid red">
            点击
        </div>
    </div>
</div>
```

实现3个绑定的函数如下:

```
methods: {
    click(step) {
        this.count += step
    },
    log(event) {
        console.log(event)
    },
    click1() {
        console.log("外层")
    },
    click2() {
        console.log("中层")
    },
    click3() {
        console.log("内层")
    }
}
```

运行上面的代码,单击页面最内层的元素,通过观察控制台的打印可以看到事件函数的调用顺序如下:

```
内层
中层
```

外层

如果要监听捕获阶段的事件，我们就需要使用事件修饰符，事件修饰符capture可以将监听事件的实际设置为捕获阶段，示例如下：

```
<div @click.capture="click1" style="border:solid red">
    外层
    <div @click.capture="click2" style="border:solid red">
        中层
        <div @click.capture="click3" style="border:solid red">
            点击
        </div>
    </div>
</div>
```

再次运行代码，单击最内层的元素，可以看到控制台的打印效果如下：

外层
中层
内层

捕获事件触发的顺序刚好与冒泡事件相反。在实际应用中，我们可以根据具体的需求来选择要使用冒泡事件还是捕获事件。

理解事件的传递对处理页面用户交互来说至关重要，但是也有很多场景我们不希望事件进行传递，例如在上面的例子中，当用户单击内层的组件时，我们只想让其触发内层组件绑定的方法，当用户单击外层的组件时，只触发外层组件绑定的方法，这就需要使用Vue中另一个非常重要的事件修饰符：stop。

stop修饰符可以阻止事件的传递，例如：

```
<div @click.stop="click1" style="border:solid red">
    外层
    <div @click.stop="click2" style="border:solid red">
        中层
        <div @click.stop="click3" style="border:solid red">
            点击
        </div>
    </div>
</div>
```

此时在单击时，只有被单击的当前组件绑定的方法会被调用。

除了capture和stop事件修饰符外，还有一些常用的修饰符，总体列举如表4-1所示。

表4-1 常用修饰符

事件修饰符	作　用
stop	阻止事件传递
capture	监听捕获场景的事件
once	只触发一次事件
self	当事件对象的 target 属性是当前组件时才触发事件

(续表)

事件修饰符	作用
Prevent	禁止默认的事件
passive	不禁止默认事件

需要注意，事件修饰符可以串联使用，例如下面的写法既能起到阻止事件传递的作用，又能控制只能触发一次事件：

```
<div @click.stop.once="click3" style="border:solid red">
    点击
</div>
```

对于键盘按键事件来说，Vue中定义了一组按钮别名事件修饰符，其用法后面会具体介绍。

4.2 Vue 中的事件类型

事件本身是有类型之分的，例如使用@click绑定的就是元素的单击事件，如果需要通过用户鼠标操作行为来实现更加复杂的交互逻辑，则需要监听更加复杂的鼠标事件。当使用Vue中的v-on指令进行普通HTML元素的事件绑定时，其支持所有的原生DOM事件，更进一步，如果使用v-on指令对自定义的Vue组件进行事件绑定，则其也可以支持自定义的事件。

4.2.1 常用事件类型

click事件是页面开发中常用的交互事件。当HTML元素被单击时会触发此事件，常用的交互事件列举如表4-2所示。

表 4-2 常用事件列表

事件	意义	可用的元素
click	单击事件，当组件被单击时触发	大部分 HTML 元素
dblclick	双击事件，当组件被双击时触发	大部分 HTML 元素
focus	获取焦点事件，例如输入框开启编辑模式时触发	input、select、textarea 等
blur	失去焦点事件，例如输入框结束编辑模式时触发	input、select、textarea 等
change	元素内容改变事件，输入框结束输入后，如果内容有变化，会触发此事件	input、select、textarea 等
select	元素内容选中事件，输入框中的文本被选中时会触发此事件	input、select、textarea 等
mousedown	鼠标按键被按下事件	大部分 HTML 元素
mouseup	鼠标按键抬起事件	大部分 HTML 元素
mousemove	鼠标在组件内移动事件	大部分 HTML 元素
mouseout	鼠标移出组件时触发	大部分 HTML 元素
mouseover	鼠标移入组件时触发	大部分 HTML 元素

(续表)

事件	意义	可用的元素
Keydown	键盘按键被按下	HTML 中所有表单元素
keyup	键盘按键被抬起	HTML 中所有表单元素

对于上面列举的事件类型，可以编写示例代码来理解其触发的时机，新建一个名为 eventType.html 的文件，编写测试代码如下：

```html
<!DOCTYPE html>
<html lang="en">
<head>
    <meta charset="UTF-8">
    <meta http-equiv="X-UA-Compatible" content="IE=edge">
    <meta name="viewport" content="width=device-width, initial-scale=1.0">
    <title>事件类型</title>
    <script src="https://unpkg.com/vue@next"></script>
</head>
<body>
    <div id="Application">
        <div @click="click">单击事件</div>
        <div @dblclick="dblclick">双击事件</div>
        <input @focus="focus" @blur="blur" @change="change" @select="select"></input>
        <div @mousedown="mousedown">鼠标按下</div>
        <div @mouseup="mouseup">鼠标抬起</div>
        <div @mousemove="mousemove">鼠标移动</div>
        <div @mouseout="mouseout" @mouseover="mouseover">鼠标移入移出</div>
        <input @keydown="keydown" @keyup="keyup"></input>
    </div>
    <script>
        const App = {
            methods: {
                click(){
                    console.log("单击事件");
                },
                dblclick(){
                    console.log("双击事件");
                },
                focus(){
                    console.log("获取焦点")
                },
                blur(){
                    console.log("失去焦点")
                },
                change(){
                    console.log("内容改变")
                },
                select(){
                    console.log("文本选中")
```

```
                },
                mousedown(){
                    console.log("鼠标按键按下")
                },
                mouseup(){
                    console.log("鼠标按键抬起")
                },
                mousemove(){
                    console.log("鼠标移动")
                },
                mouseout(){
                    console.log("鼠标移出")
                },
                mouseover(){
                    console.log("鼠标移入")
                },
                keydown(){
                    console.log("键盘按键按下")
                },
                keyup(){
                    console.log("键盘按键抬起")
                }
            }
        }
        Vue.createApp(App).mount("#Application")
    </script>
</body>
</html>
```

对于每一种类型的事件，我们都可以通过Event对象来获取事件的具体信息，例如在鼠标单击事件中，可以获取到用户具体单击的是左键还是右键。

4.2.2 按键修饰符

当需要对键盘按键进行监听时，我们通常使用keyup参数，如果仅仅要对某个按键进行监听，可以通过Event对象来判断，例如要监听用户敲击了回车键，方法可以这么写：

```
keyup(event){
    console.log("键盘按键抬起")
    if (event.key == 'Enter') {
        console.log("回车键被点击")
    }
}
```

在Vue中，还有一种更加简单的方式可以实现对某个具体的按键的监听，即使用按键修饰符，在绑定监听方法时，我们可以设置要监听的具体按键，例如：

```
<input @keyup.enter="keyup"></input>
```

需要注意，修饰符的命名规则与Event对象中属性key值的命名规则略有不同，Event对象中的属性采用的是大写字母驼峰法，如Enter、PageDown，在使用按键修饰符时需要将其转换为中画线驼峰法，如enter、page-down。

Vue中还提供了一些特殊的系统按键修饰符，这些修饰符是配合其他键盘按键或鼠标按键进行使用的，主要有如下4种：

ctrl

alt

shift

meta

这些系统修饰符的使用意义是只有当用户按下这些键时，对应的键盘或鼠标事件才能触发，在处理组合键指令时经常会用到，例如：

```
<div @mousedown.ctrl="mousedown">鼠标按下</div>
```

上面代码的作用是用户按下Ctrl键的同时，再按下鼠标按键才会触发绑定的事件函数。

```
<input @keyup.alt.enter="keyup"></input>
```

上面代码的作用是用户按下Alt键的同时，再按回车键才会触发绑定的事件函数。

还有一个细节需要注意，上面示例的系统修饰符只要满足条件就会触发，以鼠标按下事件为例，只要满足用户按下了Ctrl键的时候按下了鼠标按键，就会触发事件，即使用户同时按下了其他按键也不会受影响，例如用户使用Shift+Ctrl+鼠标左键的组合按键。如果想要精准地进行按键修饰，可以使用exact修饰符，使用这个修饰符修饰后，只有精准地满足按键的条件才会触发事件，例如：

```
<div @mousedown.ctrl.exact="mousedown">鼠标按下</div>
```

上面修饰后的代码在使用Shift+Ctrl+鼠标左键的组合方式进行操作时不会再触发事件函数。

> **提 示**
>
> meta 系统修饰键在不同的键盘上表示不同的按键，在 Mac 键盘上表示 Command 键，在 Windows 系统上对应 Windows 徽标键。

上面我们介绍了键盘按键相关的修饰符，Vue中还有3个常用的鼠标按键修饰符。在进行网页应用的开发时，通常左键用来选择，右键用来进行配置。通过下面这些修饰符可以设置当用户按了鼠标指定的按键后才会触发事件函数：

left

right

middle

例如下面的示例代码，只有按了鼠标左键才会触发事件：

```
<div @click.left="click">单击事件</div>
```

4.3 范例 1：随鼠标移动的小球

本节尝试使用本章学习到的知识来编写一个简单的示例应用。此应用的逻辑非常简单，在页面上绘制出一块区域，在区域内绘制一个圆形球体，我们需要实现当鼠标在区域内移动时，球体可以平滑地随鼠标移动。

要实现页面元素随鼠标移动很简单，我们只需要监听鼠标移动事件，做好元素坐标的更新即可。首先新建一个名为ball.html的文件，将页面的HTML布局编写出来，要实现这样的一个示例应用，只需要两个内容元素即可，代码如下：

```html
<div id="Application">
    <div class="container" @mousemove.stop="move">
        <div class="ball" :style="{left: offsetX+'px', top:offsetY+'px'}">
        </div>
    </div>
</div>
```

对应的，实现CSS样式的代码如下：

```html
<style>
    body {
        margin: 0;
        padding: 0;
    }
    .container {
        margin: 0;
        padding: 0;
        position: absolute;
        width: 440px;
        height: 440px;
        background-color: blanchedalmond;
        display: inline;
    }
    .ball {
        position:absolute;
        width: 60px;
        height: 60px;
        left:100px;
        top:100px;
        background-color: red;
        border-radius: 30px;
        z-index:100
    }
</style>
```

下面只关注如何实现JavaScript逻辑，要控制小球的移动，需要实时地修改小球的布局位置，因此可以在Vue组件中定义两个属性：offsetX和offsetY，分别用来控制圆球的横纵坐标，之后根据鼠标所在位置的坐标来不断地更新坐标属性即可。示例代码如下：

```
<script>
    const App = {
        data() {
            return {
                offsetX:0,
                offsetY:0
            }
        },
        methods: {
            move(event) {
                // 检查右侧不能超出边界
                if (event.clientX + 30 > 440) {
                    this.offsetX = 440 - 60
                // 检查左侧不能超出边界
                } else if (event.clientX - 30 < 0) {
                    this.offsetX = 0
                } else {
                    this.offsetX = event.clientX - 30
                }
                // 检查下侧不能超出边界
                if (event.clientY + 30 > 440) {
                    this.offsetY = 440 - 60
                // 检查上侧不能超出边界
                } else if (event.clientY - 30 < 0) {
                    this.offsetY = 0
                } else {
                    this.offsetY = event.clientY - 30
                }
            }
        }
    }
    Vue.createApp(App).mount("#Application")
</script>
```

运行代码，效果如图4-1所示。可以尝试移动鼠标来控制弹球的位置。

上面的示例代码中，我们使用了clientX和clientY来作为定位坐标，在鼠标Event事件对象中，有很多与坐标相关的属性，其意义各有不同，列举如表4-3所示。

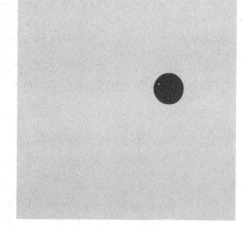

图 4-1　随鼠标移动的弹球

表 4-3　鼠标 Event 事件坐标属性及其含义

X 坐标	Y 坐标	意　义
clientX	clientY	鼠标位置相对当前 body 容器可视区域的横纵坐标
pageX	pageY	鼠标位置相对整个页面的横纵坐标
screenX	screenY	鼠标位置相对设备屏幕的横纵坐标
offsetX	offsetY	鼠标位置相对父容器的横纵坐标
x	y	与 screenX 和 screenY 意义一样

4.4　范例 2：弹球游戏

小时候你是否玩过一款桌面弹球游戏？游戏的规则非常简单，开始游戏时，页面中的弹球以随机的速度和方向运行，当弹球飞行到左侧边缘、右侧边缘或上侧边缘时会进行回弹，在界面的下侧有一块挡板，我们可以通过键盘上的左右按键来控制挡板的移动，当球体落向页面底部时，如果玩家使用挡板接住，则弹球会继续反弹，如果没有接住，则游戏失败。

实现这个游戏，可以提高我们对键盘事件使用的熟练度。此游戏的核心逻辑在于弹球的移动以及回弹算法，思考一下，本节我们一起来完成它。

首先，新建一个名为game.html的文件，定义HTML布局结构如下：

```html
<div id="Application">
    <!-- 游戏区域 -->
    <div class="container">
        <!-- 底部挡板 -->
        <div class="board" :style="{left: boardX + 'px'}"></div>
        <!-- 弹球 -->
        <div class="ball" :style="{left: ballX+'px', top: ballY+'px'}"></div>
        <!-- 游戏结束提示 -->
        <h1 v-if="fail" style="text-align: center;">游戏失败</h1>
    </div>
</div>
```

如以上代码所示，底部挡板元素可以通过键盘来控制移动，游戏失败的提示文案默认是隐藏的，当游戏失败后控制器展示。编写样式表代码如下：

```
<style>
    body {
        margin: 0;
        padding: 0;
    }
    .container {
        position: relative;
        margin: 0 auto;
        width: 440px;
        height: 440px;
        background-color: blanchedalmond;
```

```
    }
    .ball {
        position:absolute;
        width: 30px;
        height: 30px;
        left:0px;
        top:0px;
        background-color:orange;
        border-radius: 30px;
    }
    .board {
        position:absolute;
        left: 0;
        bottom: 0;
        height: 10px;
        width: 80px;
        border-radius: 5px;
        background-color: red;
    }
</style>
```

在控制页面布局时，当父容器的position属性设置为relative时，子组件的position属性设置为absolute，可以将子组件相对父组件进行绝对布局。实现此游戏的JavaScript逻辑并不复杂，完整示例代码如下：

```
<script>
    const App = {
        data() {
            return {
                // 控制挡板位置
                boardX:0,
                // 控制弹球位置
                ballX:0,
                ballY:0,
                // 控制弹球移动速度
                rateX:0.1,
                rateY:0.1,
                // 控制结束游戏提示的展示
                fail:false
            }
        },
        // 组件生命周期函数，组件加载时会调用
        mounted() {
            // 添加键盘事件
            this.enterKeyup();
            // 随机弹球的运动速度和方向
            this.rateX = (Math.random() + 0.1)
            this.rateY = (Math.random() + 0.1)
            // 开启计数器，控制弹球移动
            this.timer = setInterval(()=>{
```

```
                    // 到达右侧边缘进行反弹
                    if (this.ballX + this.rateX >= 440 - 30) {
                        this.rateX *= -1
                    }
                    // 到达左侧边缘进行反弹
                    if (this.ballX + this.rateX <= 0) {
                        this.rateX *= -1
                    }
                    // 到达上侧边缘进行反弹
                    if (this.ballY + this.rateY <= 0) {
                        this.rateY *= -1
                    }
                    this.ballX += this.rateX
                    this.ballY += this.rateY
                    // 失败判定
                    if (this.ballY >= 440 - 30 - 10) {
                        // 挡板接住了弹球，进行反弹
                        if (this.boardX <= this.ballX + 30 && this.boardX + 80 >= this.ballX) {
                            this.rateY *= -1
                        } else {
                        // 没有接住弹球，游戏结束
                            clearInterval(this.timer)
                            this.fail = true
                        }
                    }
                },2)
        },
        methods: {
            // 控制挡板移动
            keydown(event){
                if (event.key == "ArrowLeft") {
                    if (this.boardX > 10) {
                        this.boardX -= 20
                    }
                } else if (event.key == "ArrowRight") {
                    if (this.boardX < 440 - 80) {
                        this.boardX += 20
                    }
                }
            },
            enterKeyup() {
                document.addEventListener("keydown", this.keydown);
            }
        }
    }
    Vue.createApp(App).mount("#Application")
</script>
```

上面的示例代码中使用到了我们尚未学习过的Vue技巧，即组件生命周期方法的应用，在Vue

组件中，mounted方法会在组件被挂载时调用，我们可以将一些组件的初始化工作放到这个方法中执行。

运行代码，游戏运行效果如图4-2所示。现在，放松一下吧！

图4-2 弹球游戏页面

4.5 小结与练习

本节主要介绍了如何通过 Vue 快速地实现各种事件的监听与处理，在应用开发中，处理事件是非常重要的一步，是应用程序与用户间交互的桥梁。尝试通过解答下列问题来检验本章的学习成果。

练习1：思考Vue中绑定监听事件的指令是什么。

温馨提示：理解v-on的用法，熟练使用其缩写方式@。

练习2：什么是事件修饰符？常用的事件修饰符有哪些？作用分别是什么？

温馨提示：熟练应用stop、prevent、capture、once等事件修饰符。

练习3：在Vue中如何监听键盘某个按键的事件？

温馨提示：可以使用按键修饰符。

练习4：如何处理组合键事件？

温馨提示：Vue提供了4个常用的系统修饰键，其可以与其他按键修饰符组合使用，从而实现组合键的监听。

练习5：在鼠标相关事件中，如何获取鼠标所在的位置？各种位置坐标的意义分别是什么？

温馨提示：理解clientX/Y、pageX/Y、screenX/Y、offsetX/Y和x/y属性坐标的意义，从其不同处进行分析。

第5章

组件基础

组件是Vue中非常强大的功能之一。通过组件，开发者可以封装出复用性强、扩展性强的HTML元素，并且通过组件的组合可以将复杂的页面元素拆分成多个独立的内部组件，方便代码的逻辑分离与管理。

组件系统的核心是将大型应用拆分成多个可以独立使用且可复用的小组件，之后通过组件树的方式将这些小组件构建成完整的应用程序。在Vue中定义和使用组件非常简单。

通过本章，你将学习到：

- Vue应用程序的基础概念。
- 如何定义组件和使用组件。
- Vue应用与组件的相关配置。
- 组件中的数据传递技术。
- 组件事件的传递与响应。
- 组件插槽的相关知识。
- 动态组件的应用。

5.1 关于Vue应用与组件

Vue框架将常规的网页页面开发以面向对象的方式进行了抽象，一个网页甚至一个网站在Vue中被抽象为一个应用程序。一个应用程序中可以定义和使用很多个组件，但是需要配置一个根组件，当应用程序被挂载渲染到页面时，此根组件会作为起点元素进行渲染。

5.1.1 Vue 应用的数据配置选项

在前面章节的示例代码中,我们已经使用到了Vue应用,使用Vue中的createApp方法即可创建一个Vue应用实例。其实,Vue应用中有许多方法和配置项供开发者使用。

首先创建一个名为application.html的测试文件来编写示例代码。创建一个Vue应用非常简单,调用createApp方法即可:

```
const App = Vue.createApp({})
```

createApp方法会返回一个Vue应用实例,在创建应用实例时,我们可以传入一个JavaScript对象来提供应用创建时数据相关的配置项,例如经常使用的data选项与methods选项。

data选项本身需要配置为一个JavaScript函数,此函数需要提供应用所需的全局数据,例如:

```
const appData = {
    count:0
}
const App = Vue.createApp({
    data(){
        return appData
    }
})
```

props选项用于接收父组件传递的数据,我们后面会具体介绍它。

computed选项之前也有使用过,其用来配置组件的计算属性,可以在其中实现getter和setter方法,例如:

```
computed: {
    countString: {
        get(){
            return this.count + "次"
        }
    }
}
```

methods选项用来配置组件中需要使用到的方法,需要注意,不要使用箭头函数来定义methods中的方法,其会影响this关键字的指向。示例如下:

```
methods:{
    click(){
        this.count += 1
    }
}
```

watch配置项之前也有使用过,其可以对组件属性的变化添加监听函数,例如:

```
watch:{
    count(value, oldValue){
        console.log(value, oldValue)
    }
}
```

需要注意，当要监听的组件属性发生变化时，监听函数中会将变化后的值与变化前的值作为参数传递进来。如果要使用的监听函数本身定义在组件的methods选项中，也可以直接使用字符串的方式来指定要执行的监听方法，例如：

```
methods:{
    click(){
        this.count += 1
    },
    countChange(value, oldValue) {
        console.log(value, oldValue)
    }
},
watch:{
    count:"countChange"
}
```

其实，Vue组件中的watch选项还可以配置很多高级的功能，例如深度嵌套监听、多重监听处理等，后面会更加具体地向读者介绍。

5.1.2 定义组件

当我们创建好了Vue应用实例后，使用mount方法可以将其绑定到指定的HTML元素上。应用实例可以使用component方法来定义组件，定义好组件后，可以直接在HTML文档中进行使用。

例如创建一个名为component.html的测试文件，在其中编写如下JavaScript示例代码：

```
<script>
    const App = Vue.createApp({})
    const alertComponent = {
        data() {
            return {
                msg:"警告框提示",
                count:0
            }
        },
        methods:{
            click(){
                alert(this.msg + this.count++)
            }
        },
        template:`<div><button @click="click">按钮</button></div>`
    }
    App.component("my-alert",alertComponent)
    App.mount("#Application")
</script>
```

如以上代码所示，在Vue应用中定义组件时使用component方法，这个方法的第1个参数用来设置组件名，第2个参数进行组件的配置，组件的配置选项与应用的配置选项基本一致。上面的代码中，data选项配置了组件必要的数据，methods选项为组件提供了所需的方法。需要注意，定义组件是最重要的是template选项，这个选项设置组件的HTML模板，上面我们创建了一个简单的按钮，当用户单击此按钮时会弹出警告框。

之后，当需要使用自定义的组件时，只需要使用组件名标签即可，例如：

```
<div id="Application">
    <my-alert></my-alert>
    <my-alert></my-alert>
</div>
```

运行代码，尝试单击页面上的按钮，可以看到程序已经能够按照预期正常运行了，如图5-1所示。

图 5-1　使用组件

需要注意，上面代码中的my-alert组件是定义在Application应用实例中的，在组织HTML框架结构时，my-alert组件也只能在Application挂载的标签内使用，在外部使用是无法正常工作的，例如下面的写法将无法正常渲染出组件：

```
<div id="Application">
</div>
<my-alert></my-alert>
```

使用Vue中的组件可以使得HTML代码的复用性大大增强，同样在日常开发中，我们也可以将一些通用的页面元素封装成可定制化的组件，在开发新的网站应用时，可以使用日常积累的组件进行快速搭建。你或许也发现了，组件在定义时的配置选项与Vue应用实例在创建时的配置选项是一致的，都有data、methods、watch和computed等配置项。这是因为我们在创建应用时传入的参数实际上就是根组件。

当组件进行复用时，每个标签实际上都是一个独立的组件实例，其内部的数据是独立维护的，例如上面示例代码中的my-alert组件内部维护了一个名为count的属性，单击按钮后其会计数，不同的按钮将会分别进行计数。

5.2　组件中的数据与事件的传递

由于组件具有复用性，因此要使得组件能够在不同的应用中得到最大程度的复用与最少的内部改动，就需要组件具有一定的灵活度，即可配置性。可配置性归根结底是通过数据的传递来实现的，在使用组件时，通过传递不同的数据来使组件的交互行为、渲染样式有略微的差异。本节将探讨如何通过数据与事件的传递使得我们编写的Vue组件更具灵活性。

5.2.1 为组件添加外部属性

我们在使用原生的HTML标签元素时，可以通过属性来控制元素的一些渲染行为，例如style属性可以设置元素的样式风格，class属性用来设置元素的类，等等。自定义组件的使用方式与原生HTML标签一样，也可以通过属性来控制其内部行为。

以5.1节的测试代码为例，my-alert组件会在页面中渲染出一个按钮元素，此按钮的标题为字符串"按钮"，这个标题文案是写死在template模板字符串中的，因此无论我们创建出多少个my-alert组件，其渲染出的按钮的标题都是一样的。如果需要在使用此组件时灵活地设置其按钮显示的标题，就需要使用组件中的props配置。

props是properties的缩写，意思为属性，props定义的属性是提供给外部进行设置使用的，也可以将其称为外部属性。修改my-alert组件的定义如下：

```
const alertComponent = {
    data() {
        return {
            msg:"警告框提示",
            count:0
        }
    },
    methods:{
        click(){
            alert(this.msg + this.count++)
        }
    },
    props:["title"],
    template:`<div><button @click="click">{{title}}</button></div>`
}
```

props选项用来定义自定义组件内的外部属性，组件可以定义任意多个外部属性，在template模板中，可以用访问内部data属性一样的方式来访问定义的外部属性。在使用my-alert组件时，可以直接设置title属性来设置按钮的标题，代码如下：

```
<my-alert title="按钮1"></my-alert>
<my-alert title="按钮2"></my-alert>
```

运行后的页面效果如图5-2所示。

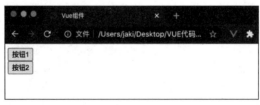

图 5-2 自定义组件属性

props也可以进行许多复杂的配置，例如类型检查、默认值等，后面的章节会更加详细地介绍。

5.2.2 处理组件事件

在开发自定义的组件时，需要进行事件传递的场景并不少见。例如前面编写的my-alert组件，在使用组件时，当用户单击按钮时会自动弹出系统的警告框，但更多时候不同的项目使用的警告框风格可能并不一样，弹出警告框的逻辑也可能相差甚远。这样看来，my-alert组件的复用性非常差，不能满足各种定制化的需求。

如果要对my-alert组件进行改造，我们可以尝试将其中按钮单击的时间传递给父组件处理，即传递给使用此组件的业务方处理。在Vue中，可以使用内建的$emit方法来传递事件，例如：

```html
<div id="Application">
    <my-alert @myclick="appfunc" title="按钮1"></my-alert>
    <my-alert title="按钮2"></my-alert>
</div>
<script>
    const App = Vue.createApp({
        methods:{
            appfunc(){
                console.log('点击了自定义组件')
            }
        }
    })
    const alertComponent = {
        props:["title"],
        template:`<div><button @click="$emit('myclick')">{{title}}</button></div>`
    }
    App.component("my-alert",alertComponent)
    App.mount("#Application")
</script>
```

修改后的代码将my-alert组件中按钮的单击事件定义为myclick事件进行传递，在使用此组件时，可以直接使用myclick这个事件名进行监听。$emit方法在传递事件时也可以传递一些参数，很多自定义组件都有状态，这时我们就可以将状态作为参数进行传递。示例代码如下：

```html
<div id="Application">
    <my-alert @myclick="appfunc" title="按钮1"></my-alert>
    <my-alert @myclick="appfunc" title="按钮2"></my-alert>
</div>
<script>
    const App = Vue.createApp({
        methods:{
            appfunc(param){
                console.log('点击了自定义组件-'+param)
            }
        }
    })
```

```
        const alertComponent = {
            props:["title"],
            template:`<div><button @click="$emit('myclick', title)">{{title}}</button></div>`
        }
        App.component("my-alert",alertComponent)
        App.mount("#Application")
    </script>
```

运行代码，当单击按钮时，其会在控制台打印出当前按钮的标题，这个标题数据就是子组件传递事件时带给父组件的事件参数。如果在传递事件之前，子组件还有一些内部的逻辑需要处理，也可以在子组件中包装一个方法，在方法内调用$emit进行事件传递，示例如下：

```
<div id="Application">
    <my-alert @myclick="appfunc" title="按钮1"></my-alert>
    <my-alert @myclick="appfunc" title="按钮2"></my-alert>
</div>
<script>
    const App = Vue.createApp({
        methods:{
            appfunc(param){
                console.log('点击了自定义组件-'+param)
            }
        }
    })
    const alertComponent = {
        props:["title"],
        methods:{
            click(){
                console.log("组件内部的逻辑")
                this.$emit('myclick', this.title)
            }
        },
        template:`<div><button @click="click">{{title}}</button></div>`
    }
    App.component("my-alert",alertComponent)
    App.mount("#Application")
</script>
```

现在，你可以灵活地通过事件的传递来使自定义组件的功能更加纯粹，好的开发模式是将组件内部的逻辑在组件内部处理掉，而需要调用方处理的业务逻辑属于组件外部的逻辑，将其传递到调用方处理。

5.2.3 在组件上使用 v-model 指令

你还记得v-model指令吗？我们通常将其形象地称为Vue中的双向绑定指令，即对于可交互用户输入的相关元素来说，使用这个指令可以将数据的变化同步到元素上，同样当元素输入的信息变化时，也会同步到对应的数据属性上。在编写自定义组件时，难免会使用到可进行用户输入的相关元素，如何对其输入的内容进行双向绑定呢？

首先，我们先来复习一下v-model指令的使用，示例代码如下：

```
<div id="Application">
    <div>
        <input v-model="inputText" />
        <div>{{inputText}}</div>
        <button @click="this.inputText = ''">清空</button>
    </div>
</div>
<script>
    const App = Vue.createApp({
        data(){
            return {
                inputText:""
            }
        }
    })
    App.mount("#Application")
</script>
```

运行代码，之后在页面的输入框中输入文案，可以看到对应的div标签中的文案也会改变。同理，当我们单击"清空"按钮后，输入框和对应的div标签中的内容也会被清空，这就是v-model双向绑定指令提供的基础功能。如果不使用v-model指令，要实现相同的效果也不是不可能，示例代码如下：

```
<div id="Application">
    <div>
        <input :value="inputText" @input="action"/>
        <div>{{inputText}}</div>
        <button @click="this.inputText = ''">清空</button>
    </div>
</div>
<script>
    const App = Vue.createApp({
        data(){
            return {
                inputText:""
            }
        },
        methods:{
            action(event){
                this.inputText = event.target.value
            }
        }
    })
    App.mount("#Application")
</script>
```

修改后代码的运行效果与修改前完全一样，代码中先使用v-bind指令来控制输入框的内容，即当属性inputText改变后，v-bind指令会将其同步更新到输入框中，之后使用v-on:input指令来监听输入框的输入事件，当输入框的输入内容变化时，手动通过action函数来更新inputText属性，这样就实现了双向绑定的效果。这也是v-model指令的基本工作原理。理解了这些，为自定义组件增加v-model支持就非常简单。示例代码如下：

```html
<div id="Application">
    <my-input v-model="inputText"></my-input>
    <div>{{inputText}}</div>
    <button @click="this.inputText = ''">清空</button>
</div>
<script>
    const App = Vue.createApp({
        data(){
            return {
                inputText:""
            }
        },
    })
    const inputComponent = {
        props:["modelValue"],
        methods:{
            action(event){
                this.$emit('update:modelValue', event.target.value)
            }
        },
        template:`<div><span>输入框: </span><input :value="modelValue" @input="action"/></div>`
    }
    App.component("my-input", inputComponent)
    App.mount("#Application")
</script>
```

运行上面的代码，你会发现v-model指令已经可以正常工作了。其实，所有支持v-model指令的组件中默认都会提供一个名为modelValue的属性，而组件内部的内容变化后向外传递的事件为update:modelValue，并且在事件传递时会将组件内容作为参数进行传递。因此，我们要让自定义组件能够使用v-model指令，只需要按照正确的规范来定义组件即可。

5.3 自定义组件的插槽

插槽是指HTML起始标签与结束标签中间的部分，通常在使用div标签时，其内部的插槽位置既可以放置要显示的文案，又可以嵌套放置其他标签，例如：

```html
<div>文案部分</div>
<div>
    <button>按钮</button>
</div>
```

插槽的核心作用是将组件内部的元素抽离到外部进行实现,在进行自定义组件的设计时,良好的插槽逻辑可以使组件的使用更加灵活。对于开发容器类型的自定义组件来说,插槽就更加重要了,在定义容器类的组件时,开发者只需要将容器本身编写好,内部的内容都可以通过插槽来实现。

5.3.1 组件插槽的基本用法

首先,创建一个名为slot.html的文件,在其中编写如下核心代码:

```
<body>
    <div id="Application">
        <my-container></my-container>
    </div>
    <script>
        const App = Vue.createApp({
        })
        const containerComponent = {
            template:`<div style="border-style:solid;border-color:red;border-width:10px"></div>`
        }
        App.component("my-container", containerComponent)
        App.mount("#Application")
    </script>
</body>
```

上面的代码中,我们定义了一个名为my-container的容器组件,这个容器本身非常简单,只是添加了红色的边框,直接尝试向容器组件内部添加子元素是不可行的,例如:

```
<my-container>组件内部</my-container>
```

运行代码,你会发现组件中并没有任何文本被渲染,若需要自定义组件支持插槽,则需要使用slot标签来指定插槽的位置,修改组件模板如下:

```
const containerComponent = {
    template:`<div style="border-style:solid;border-color:red;border-width:10px">
        <slot></slot>
    </div>`
}
```

再次运行代码,可以看到my-container标签内部的内容已经被添加到了自定义组件的插槽位置,如图5-3所示。

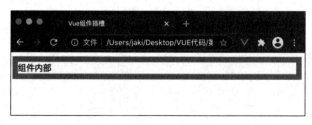

图 5-3 自定义组件的插槽

虽然上面的示例代码中只是使用文本作为插槽的内容，实际上插槽中也支持任意的标签内容或其他组件。

对于支持插槽的组件来说，我们也可以为插槽添加默认的内容，这样当组件在使用时如果没有设置插槽内容，则会自动渲染默认的内容，例如：

```
<div id="Application">
    <my-container></my-container>
</div>
<script>
    const App = Vue.createApp({
    })
    const containerComponent = {
        template:`<div style="border-style:solid;border-color:red;border-width:10px">
            <slot>插槽的默认内容</slot>
        </div>`
    }
    App.component("my-container", containerComponent)
    App.mount("#Application")
</script>
```

需要注意，一旦组件在使用时设置了插槽的内容，默认的内容就不会被渲染。

5.3.2 多具名插槽的用法

具名插槽是指为插槽设置一个具体的名称，在使用组件时，可以通过插槽的名称来设置插槽的内容。由于具名插槽可以非常明确地指定插槽内容的位置，因此当一个组件要支持多个插槽时，通常需要使用具名插槽。

例如要编写一个容器组件，此组件由头部元素、主元素和尾部元素组成，此组件就需要有3个插槽，具名插槽的用法示例如下：

```
<div id="Application">
    <my-container2>
        <template v-slot:header>
            <h1>这里是头部元素</h1>
        </template>
        <template v-slot:main>
            <p>内容部分</p>
            <p>内容部分</p>
        </template>
        <template v-slot:footer>
            <p>这里是尾部元素</p>
        </template>
    </my-container2>
</div>
<script>
    const App = Vue.createApp({
    })
```

```
        const container2Component = {
            template:`<div>
                <slot name="header"></slot>
                <hr/>
                <slot name="main"></slot>
                <hr/>
                <slot name="footer"></slot>
            </div>`
        }
        App.component("my-container2", container2Component)
        App.mount("#Application")
</script>
```

如以上代码所示，在组件内部定义slot插槽时，可以使用name属性来为其设置具体的名称，需要注意的是，在使用此组件时，要使用template标签来包装插槽内容，对于template标签，通过v-slot来指定与其对应的插槽位置。页面渲染效果如图5-4所示。

图5-4　多具名插槽的应用

在Vue中，很多指令都有缩写形式，具名插槽同样也有缩写形式，可以使用符号"#"来代替"v-slot:"，对上面的示例代码进行如下修改依然可以正常运行：

```
<my-container2>
    <template #header>
        <h1>这里是头部元素</h1>
    </template>
    <template #main>
        <p>内容部分</p>
        <p>内容部分</p>
    </template>
    <template #footer>
        <p>这里是尾部元素</p>
    </template>
</my-container2>
```

5.4 动态组件的简单应用

动态组件是Vue开发中经常会使用到的一种高级功能，有时页面中某个位置要渲染的组件并不是固定的，可能会根据用户的操作而渲染不同的组件，这时就需要用到动态组件。

你还记得在前面的章节中我们使用过的radio单选框组件吗？当用户选择不同的选项后，切换页面渲染的组件是非常常见的需求，使用动态组件可以非常方便地处理这种场景。

首先，新建一个名为dynamic.html的测试文件，编写如下示例代码：

```
<div id="Application">
    <input type="radio" value="page1" v-model="page"/>页面1
    <input type="radio" value="page2" v-model="page"/>页面2
    <div>{{page}}</div>
</div>
<script>
    const App = Vue.createApp({
        data(){
            return {
                page:"page1"
            }
        },
    })
    App.mount("#Application")
</script>
```

运行上面的代码后，将会在页面中渲染出一组单选框，当用户切换选项后，其div标签中渲染的文案会对应修改，在实际应用中并不只是修改div标签中的文本这样简单，更多情况下会采用更换组件的方式进行内容的切换。

定义两个Vue组件如下：

```
const App = Vue.createApp({
    data(){
        return {
            page:"page1"
        }
    }
})
const page1 = {
    template:`<div style="color:red">
        页面组件1
    </div>`
}
const page2 = {
    template:`<div style="color:blue">
        页面组件2
    </div>`
```

```
}
App.component("page1", page1)
App.component("page2", page2)
App.mount("#Application")
```

page1组件和page2组件本身非常简单，使用不同的颜色显示简单文案。现在我们要将页面中的div元素替换为动态组件，示例代码如下：

```
<div id="Application">
    <input type="radio" value="page1" v-model="page"/>页面1
    <input type="radio" value="page2" v-model="page"/>页面2
    <component :is="page"></component>
</div>
```

component是一个特殊的标签，其通过is属性来指定要渲染的组件名称，如以上代码所示，随着Vue应用中page属性的变化，component所渲染的组件也是动态变化的，效果如图5-5所示。

图5-5 动态组件的应用

截至目前，我们使用component方法定义的组件都是全局组件，对于小型项目来说，这种开发方式非常方便，但是对于大型项目来说，缺点也很明显。首先全局定义的模板命名不能重复，大型项目中可能会使用非常多的组件，维护困难；在定义全局组件的时候，组件内容是通过字符串格式的HTML模板定义的，在编写时对开发者来说不太友好；并且全局版本定义中不支持使用内部的CSS样式。这些问题都可以通过单文件组件技术解决。第6章会对使用Vue开发商业级项目进行更详细的介绍。

5.5 范例：开发一款小巧的开关按钮组件

本节来尝试编写一款小巧美观的开关组件。开关组件需要满足一定的定制化需求，例如开关的样式、背景色、边框颜色等。当用户对开关组件的开关状态进行切换时，需要将事件同步传递到父组件中。

通过本章内容的学习，相信读者完成此组件的开发是游刃有余的。首先，新建一个名为switch.html的测试文件，在其中编写基础的文档结构，代码如下：

```
<!DOCTYPE html>
<html lang="en">
```

```html
<head>
    <meta charset="UTF-8">
    <meta http-equiv="X-UA-Compatible" content="IE=edge">
    <meta name="viewport" content="width=device-width, initial-scale=1.0">
    <title>Vue开关组件</title>
    <script src="https://unpkg.com/vue@next"></script>
</head>
<body>
</body>
</html>
```

根据需求，我们先来编写JavaScript组件代码，由于开关组件有一定的可定制性，我们可以将按钮颜色、开关风格、边框颜色、背景色这些属性设置为外部属性。此开关组件也是可交互的，因此需要使用一个内部状态属性来控制开关的状态，示例代码如下：

```javascript
const switchComponent = {
    // 定义的外部属性
    props:["switchStyle", "borderColor", "backgroundColor", "color"],
    // 内部属性，控制开关状态
    data() {
        return {
            isOpen:false,
            left:'0px'
        }
    },
    // 通过计算属性来设置CSS样式
    computed: {
        cssStyleBG:{
            get() {
                if (this.switchStyle == "mini") {
                    return `position: relative; border-color: ${this.borderColor}; border-width: 2px; border-style: solid;width:55px; height: 30px;border-radius: 30px; background-color: ${this.isOpen ? this.backgroundColor:'white'};`
                } else {
                    return `position: relative; border-color: ${this.borderColor}; border-width: 2px; border-style: solid;width:55px; height: 30px;border-radius: 10px; background-color: ${this.isOpen ? this.backgroundColor:'white'};`
                }
            }
        },
        cssStyleBtn:{
            get() {
                if (this.switchStyle == "mini") {
                    return `position: absolute; width: 30px; height: 30px; left:${this.left}; border-radius: 50%; background-color: ${this.color};`
                } else {
                    return `position: absolute; width: 30px; height: 30px; left:${this.left}; border-radius: 8px; background-color: ${this.color};`
```

```
            }
        }
    },
    // 组件状态切换方法
    methods: {
        click() {
            this.isOpen = !this.isOpen
            this.left = this.isOpen ? '25px' : '0px'
            this.$emit('switchChange', this.isOpen)
        }
    },
    template:`
        <div :style="cssStyleBG" @click="click">
            <div :style="cssStyleBtn"></div>
        </div>
    `
}
```

完成组件的定义后，我们可以创建一个Vue应用来演示组件的使用，代码如下：

```
const App = Vue.createApp({
    data(){
        return {
            state1:"关",
            state2:"关"
        }
    },
    methods:{
        change1(isOpen){
            this.state1 = isOpen ? "开" : "关"
        },
        change2(isOpen){
            this.state2 = isOpen ? "开" : "关"
        },
    }
})
App.component("my-switch", switchComponent)
App.mount("#Application")
```

在HTML文档中定义两个my-switch组件，代码如下：

```
<div id="Application">
    <my-switch @switch-change="change1" switch-style="mini" background-color="green" border-color="green" color="blue"></my-switch>
    <div>开关状态:{{state1}}</div>
    <br/>
    <my-switch @switch-change="change2" switch-style="normal" background-color="blue" border-color="blue" color="red"></my-switch>
    <div>开关状态:{{state2}}</div>
</div>
```

如以上代码所示，我们在页面上创建了两个自定义开关组件，两个组件的样式风格根据外部设置的差异略有不同，并且我们将div元素展示的文案与开关组件的开关状态进行了绑定，需要注意，在定义组件时，外部属性采用的命名规则是小写字母驼峰式的，但是在HTML标签中使用时，需要改成以"-"符号位分割的驼峰命名法。运行代码，尝试切换页面上开关的状态，效果如图5-6所示。

图 5-6　自定义开关组件

5.6　小结与练习

本章介绍了Vue中组件相关的基础概念，并学习了如何自定义组件。在Vue项目开发中，使用组件可以使开发过程更加高效。

练习1：如何理解Vue中的组件？

温馨提示：组件使得 HTML 元素进行了模板化，使得 HTML 代码可以拥有更强的复用性。同时，通过外部属性，组件可以根据需求灵活地进行定制，灵活性强。在实际开发中，运用组件可以提高开发效率，同时使得代码更加结构化，更易维护。

练习2：在Vue中，什么是根组件？如何定义？

温馨提示：根组件是直接挂载在Vue应用上的组件，可以从外部属性、内部属性、方法传递等方面进行思考。

练习3：什么是组件插槽技术？有什么实际应用？

温馨提示：组件插槽是指在组件内部预定义一些插槽点，在调用组件时，外部可以通过HTML嵌套的方式来设置插槽点的内容。在实际应用中，编写容器类组件离不开组件插槽，其将某些依赖外部的内容交由使用方自己去处理，使得组件的职责更加清晰。

第6章

组件进阶

通过前面的章节，我们已经了解了组件的基础知识，也能够使用Vue的组件功能来编写一些简单独立的页面元素。在实际开发中，能够对组件进行简单的应用还远远不够，我们还需要理解组件渲染更深层的原理，这有助于在开发中更加灵活地使用组件的功能。

本章将介绍组件的生命周期、注册方式以及更多高级功能。通过本章的学习，你将对Vue组件系统有更加深入的理解。

通过本章，你将学习到：

- 组件的生命周期。
- 应用的全局配置。
- 组件属性的高级用法。
- 组件Mixin技术。
- 自定义指令的应用。
- Vue 3的Teleport新特性的应用。

6.1 组件的生命周期与高级配置

组件在被创建出来到渲染完成会经历一系列过程，同样组件的销毁也会经历一系列过程，组件从创建到销毁的这一系列过程被称为组件的生命周期。在Vue中，组件生命周期的节点会被定义为一系列的方法，这些方法称为生命周期钩子。有了这些生命周期方法，我们可以在合适的时机来完成合适的工作。例如在组件挂载前准备组件所需要的数据，当组件销毁时清除某些残留数据等。

Vue中也提供了许多对组件进行配置的高级API接口，包括对应用或组件进行全局配置的API功能接口以及组件内部相关的高级配置项。

6.1.1 生命周期方法

首先，我们可以通过一个简单的示例来直观地感受一下组件生命周期方法的调用时机。新建一个名为life.html的测试文件，编写如下测试代码：

```html
<!DOCTYPE html>
<html lang="en">
<head>
    <meta charset="UTF-8">
    <meta http-equiv="X-UA-Compatible" content="IE=edge">
    <meta name="viewport" content="width=device-width, initial-scale=1.0">
    <title>Vue组件生命周期</title>
    <script src="https://unpkg.com/vue@next"></script>
</head>
<body>
    <div id="Application">
    </div>
    <script>
        const root = {
            beforeCreate () {
                console.log("组件即将创建前")
            },
            created () {
                console.log("组件创建完成")
            },
            beforeMount () {
                console.log("组件即将挂载前")
            },
            mounted () {
                console.log("组件挂载完成")
            },
            beforeUpdate () {
                console.log("组件即将更新前")
            },
            updated () {
                console.log("组件更新完成")
            },
            activated () {
                console.log("被缓存的组件激活时调用")
            },
            deactivated () {
                console.log("被缓存的组件停用时调用")
            },
            beforeUnmount() {
                console.log("组件即将被卸载前调用")
            },
```

```
            unmounted() {
                console.log("组件被卸载后调用")
            },
            errorCaptured(error, instance, info) {
                console.log("捕获到来自子组件的异常时调用")
            },
            renderTracked(event) {
                console.log("虚拟DOM重新渲染时调用")
            },
            renderTriggered(event) {
                console.log("虚拟DOM被触发渲染时调用")
            }
        }
        const App = Vue.createApp(root)
        App.mount("#Application")
    </script>
</body>
</html>
```

如以上代码所示,每个方法中都使用log标明了其调用的时机。运行代码,控制台将输出如下信息:

```
组件即将创建前
组件创建完成
组件即将挂载前
组件挂载完成
```

从控制台打印的信息可以看到,本次页面渲染过程中只执行了4个组件的生命周期方法,这是由于我们使用的是Vue根组件,页面渲染的过程中只执行了组件的创建和挂载过程,并没有执行卸载的过程。如果某个组件是通过v-if指令来控制其渲染的,则当其渲染状态切换时,组件会进行交替的挂载和卸载动作,示例代码如下:

```
<div id="Application">
    <sub-com v-if="show"></sub-com>
    <button @click="changeShow">测试</button>
</div>
<script>
    const sub = {
        beforeCreate () {
            console.log("组件即将创建前")
        },
        created () {
            console.log("组件创建完成")
        },
        beforeMount () {
            console.log("组件即将挂载前")
        },
        mounted () {
            console.log("组件挂载完成")
        },
```

```
        beforeUnmount() {
            console.log("组件即将被卸载前调用")
        },
        unmounted() {
            console.log("组件被卸载后调用")
        }
    }
    const App = Vue.createApp({
        data(){
            return {
                show:false
            }
        },
        methods: {
            changeShow(){
                this.show = !this.show
            }
        }
    })
    App.component("sub-com", sub)
    App.mount("#Application")
</script>
```

在上面列举的生命周期方法中，还有 4个方法非常常用，即renderTriggered、renderTracked、beforeUpdate和updated方法。当组件中的HTML元素发生渲染或更新时，会调用这些方法，例如：

```
<div id="Application">
    <sub-com>
        {{content}}
    </sub-com>
    <button @click="change">测试</button>
</div>
<script>
    const sub = {
        beforeUpdate () {
            console.log("组件即将更新前")
        },
        updated () {
            console.log("组件更新完成")
        },
        renderTracked(event) {
            console.log("虚拟DOM重新渲染时调用")
        },
        renderTriggered(event) {
            console.log("虚拟DOM被触发渲染时调用")
        },
        template:`
            <div>
                <slot></slot>
            </div>
```

```
        }
        const App = Vue.createApp({
            data(){
                return {
                    content:0
                }
            },
            methods: {
                change(){
                    this.content += 1
                }
            }
        })
        App.component("sub-com", sub)
        App.mount("#Application")
</script>
```

运行上面的代码,当单击页面中的按钮时,页面显示的计数会自增,同时控制台打印信息如下:

```
虚拟DOM被触发渲染时调用
组件即将更新前
虚拟DOM重新渲染时调用
组件更新完成
```

通过测试代码的实践,我们对Vue组件的生命周期已经有了直观的认识,对各个生命周期函数的调用时机与顺序也有了初步的了解,这些生命周期钩子可以帮助我们在开发中更有效地组织和管理数据。

6.1.2 应用的全局配置选项

当调用Vue.createApp方法后,会创建一个Vue应用实例,对于此应用实例,其内部封装了一个config对象,我们可以通过这个对象的一些全局选项来对其进行配置。常用的配置项有异常与警告捕获配置和全局属性配置。

在Vue应用运行过程中,难免会有异常和警告产生,我们可以使用自定义的函数来对抛出的异常和警告进行处理。示例如下:

```
const App = Vue.createApp({})
App.config.errorHandler = (err, vm, info) => {
    // 捕获运行中产生的异常
    // err参数是错误对象,info为具体的错误信息
}
App.config.warnHandler = (msg, vm, trace) => {
    // 捕获运行中产生的警告
    // msg是警告信息,trace是组件的关系回溯
}
```

之前,我们在使用组件时,组件内部使用到的数据要么是组件内部自己定义的,要么是通过

外部属性从父组件传递进来的。在实际开发中,有些数据可能是全局的,例如应用名称、应用版本信息等,为了方便地在任意组件中使用这些全局数据,可以通过globalProperties全局属性对象进行配置,例如:

```
const App = Vue.createApp({})
// 配置全局数据
App.config.globalProperties = {
    version:"1.0.0"
}
const sub = {
    mounted () {
        // 在任意组件的任意地方都可以通过this直接访问全局数据
        console.log(this.version)
    }
}
```

6.1.3 组件的注册方式

组件的注册方式分为全局注册与局部注册两种。直接使用应用实例的component方法注册的组件都是全局组件,即可以在应用内的任何地方使用这些组件,包括其他组件内部,例如:

```
<div id="Application">
    <comp1></comp1>
</div>
<script>
    const App = Vue.createApp({})
    const comp1 = {
        template:`
            <div>
                组件1
                <comp2></comp2>
            </div>
        `
    }
    const comp2 = {
        template:`
            <div>
                组件2
            </div>
        `
    }
    App.component("comp1", comp1)
    App.component("comp2", comp2)
    App.mount("#Application")
</script>
```

如以上代码所示,在comp2组件中可以直接使用comp1组件,全局注册组件虽然使用起来很方便,但很多时候其并不是最佳的编程方式。一个复杂的组件内部可能由许多子组件组成,这些子组件本身不需要暴露到父组件外面，这时如果使用全局注册的方式注册组件，就会污染JavaScript代码，更理想的方式是使用局部注册的方式注册组件，示例如下：

```
<div id="Application">
    <comp1></comp1>
</div>
<script>
    const App = Vue.createApp({})
    const comp2 = {
        template:`
            <div>
                组件2
            </div>
        `
    }
    const comp1 = {
        components:{
            'comp2':comp2
        },
        template:`
            <div>
                组件1
                <comp2></comp2>
            </div>
        `
    }
    App.component("comp1", comp1)
    App.mount("#Application")
</script>
```

如以上代码所示，comp2组件只能在comp1组件内部使用。

6.2 组件 Props 属性的高级用法

使用Props可以方便地向组件传递数据。从功能上讲，Props也可以称为组件的外部属性，通过Props的不同传参，组件可以有很强的灵活性和扩展性。

6.2.1 对 Prop 属性进行验证

JavaScript是一种非常灵活、非常自由的编程语言。在JavaScript中定义函数时无须指定参数的类型，对开发者来说，这种编程风格虽然十分方便，但并不是特别安全。以Vue组件为例，某个自定义组件需要使用Props进行外部传值，如果其要接收的参数为一个数值，但是最终调用方传递了一个字符串类型的数据，则组件内部难免会出现错误。Vue在定义组件的Props时，可以通过添加约束的方式来对其类型、默认值、是否选填等进行配置。

新建一个名为props.html的测试文件。在其中编写如下核心代码：

```
<div id="Application">
    <comp1 :count="5"></comp1>
</div>
<script>
    const App = Vue.createApp({})
    const comp1 = {
        props:["count"],
        data(){
            return {
                thisCount:0
            }
        },
        methods:{
            click(){
                this.thisCount += 1
            }
        },
        computed: {
            innerCount:{
                get(){
                    return this.count + this.thisCount
                }
            }
        },
        template:`
            <button @click="click">点击</button>
            <div>计数:{{innerCount}}</div>
        `
    }
    App.component("comp1", comp1)
    App.mount("#Application")
</script>
```

上面的代码中定义了一个名为count的外部属性，这个属性在组件内实际上的作用是控制组件计数的初始值。需要注意，在外部传递数值类型的数据到组件内部时，必须使用v-bind指令的方式进行传递，直接使用HTML属性设置的方式会将传递的数据作为字符串传递（而不是JavaScript表达式）。例如下面的组件使用方式，最终页面渲染的计数结果将不是预期的：

```
<comp1 count="5"></comp1>
```

虽然count属性的作用是作为组件内部计数的初始值，但是调用方不一定会理解组件内部的逻辑，调用此组件时极有可能会传递非数值类型的数据，例如：

```
<comp1 :count="{}"></comp1>
```

页面的渲染效果如图6-1所示。

图 6-1　组件渲染示例

可以看到其渲染结果不正常。在Vue中，我们可以对定义的Props进行约束来显式地指定其类型。当将组件的props配置项配置为列表时，其表示当前定义的属性没有任何约束控制，如果将其配置为对象，则可以进行更多约束设置。修改上面代码中props的定义如下：

```
props:{
    count:{
        // 定义此属性的类型为数值类型
        type: Number,
        // 设置此属性是否必传
        required: false,
        // 设置默认值
        default: 10
    }
}
```

在调用此组件时，如果设置count属性的值不符合要求，则控制台会输出警告信息，例如count设置的值不是数值类型，则会抛出如下警告：

```
[Vue warn]: Invalid prop: type check failed for prop "count". Expected Number with value NaN, got Object
```

在实际开发中，我们建议所有的props都采用对象的方式定义，显式地设置其类型、默认值等，这样不仅可以使组件调用时更加安全，也侧面为开发者提供了组件的参数使用文档。

如果只需要指定属性的类型，而不需要指定更加复杂的性质，可以使用如下方式定义：

```
props:{
    // 数值类型
    count:Number,
    // 字符串类型
    count2:String,
    // 布尔值类型
    count3:Boolean,
    // 数组类型
    count4:Array,
    // 对象类型
    count5:Object,
    // 函数类型
    count6:Function
}
```

如果一个属性可能是多种类型，可以如下定义：

```
props:{
    // 指定属性类型为字符串或数值
    param:[String, Number]
}
```

在对属性的默认值进行配置时，如果默认值的获取方式比较复杂，也可以将其定义为函数，函数执行的结果会被当作当前属性的默认值，示例如下：

```
props:{
    count: {
        default:function() {
            return 10
        }
    }
}
```

Vue 中 props 的定义也支持进行自定义的验证，以上面的代码为例，假设组件内需要接收的 count 属性的值必须大于数值 10，则可以通过自定义验证函数实现：

```
props:{
    count: {
        validator: function(value) {
            if (typeof(value) != 'number' || value <= 10) {
                return false
            }
            return true
        }
    }
}
```

当组件的count属性被赋值时，会自动调用验证函数进行验证，如果验证函数返回true，则表明此赋值是有效的，如果验证函数返回false，则控制台会输出异常信息。

6.2.2　Props 的只读性质

你可能已经发现，对组件内部来说，Props是只读的。也就是说，我们不能在组件内部修改Props属性的值，可以尝试运行如下代码：

```
props:{
    count: {
        validator: function(value) {
            if (typeof(value) != 'number' || value <= 10) {
                return false
            }
            return true
        }
    }
},
methods:{
    click(){
```

```
        this.count += 1
    }
}
```

当click函数被触发时，页面上的计数并没有改变，并且控制台会抛出Vue警告信息。

Props的这种只读性能是Vue单向数据流特性的一种体现。所有的外部属性Props都只允许父组件的数据流动到子组件中，子组件的数据则不允许流向父组件。因此，在组件内部修改Props的值是无效的。以计数器页面为例，如果我们定义Props只是为了设置组件某些属性的初始值，完全可以使用计算属性来进行桥接，也可以将外部属性的初始值映射到组件的内部属性上，示例如下：

```
props:{
    count: {
        validator: function(value) {
            if (typeof(value) != 'number' || value <= 10) {
                return false
            }
            return true
        }
    }
},
data(){
    return {
        thisCount:this.count
    }
}
```

6.2.3 组件数据注入

数据注入是一种便捷的组件间数据传递方式。一般情况下，当父组件需要传递数据到子组件时，我们会使用Props，但是当组件的嵌套层级很多，子组件需要使用多层之外的父组件的数据时，就非常麻烦了，数据需要一层一层地进行传递。

新建一个名为provide.html的测试文件，在其中编写如下核心代码：

```
<div id="Application">
    <my-list :count="5">
    </my-list>
</div>
<script>
    const App = Vue.createApp({})
    const listCom = {
        props:{
            count: Number
        },
        template:`
        <div style="border:red solid 10px;">
            <my-item v-for="i in this.count" :list-count="this.count" :index="i"></my-item>
        </div>
```

```
            }
            const itemCom = {
                props: {
                    listCount:Number,
                    index:Number
                },
                template:`
                    <div style="border:blue solid 10px;"><my-label :list-count="this.listCount" :index="this.index"></my-label></div>
                `
            }
            const labelCom = {
                props: {
                    listCount:Number,
                    index:Number
                },
                template:`
                    <div>{{index}}/{{this.listCount}}</div>
                `
            }
            App.component("my-list", listCom)
            App.component("my-item", itemCom)
            App.component("my-label", labelCom)
            App.mount("#Application")
        </script>
```

上面的代码中，我们创建了3个自定义组件，my-list组件用来创建一个列表视图，其中每一行的元素为my-item组件，my-item组件中又使用了my-label组件进行文本显示，列表中每一行会渲染出当前的行数以及总行数。运行上面的代码，页面效果如图6-2所示。

图6-2 自定义列表组件

上面的代码运行本身没有什么问题，烦琐的地方在于my-label组件中需要使用my-list组件中的count属性，要通过my-item组件的数据才能顺利进行传递。随着组件的嵌套层数增多，数据的传递将越来越复杂。对于这种场景，我们可以使用数据注入的方式来跨层级进行数据传递。

所谓数据注入，是指父组件可以向其所有子组件提供数据，不论在层级结构上此子组件的层级有多深。以上面的代码为例，my-label组件可以跳过my-item组件直接使用my-list组件中提供的数据。

实现数据注入需要使用组件的provide与inject两个配置项，提供数据的父组件需要设置provide配置项来提供数据，子组件需要设置inject配置项来获取数据。修改上面的代码如下：

```
const listCom = {
    props:{
        count: Number
    },
    provide(){
        return {
            listCount:this.count
        }
    },
    template:`
        <div style="border:red solid 10px;">
            <my-item v-for="i in this.count" :index="i"></my-item>
        </div>
    `
}
const itemCom = {
    props: {
        index:Number
    },
    template:`
        <div style="border:blue solid 10px;"><my-label :index="this.index"></my-label></div>
    `
}
const labelCom = {
    props: {
        index:Number
    },
    inject:['listCount'],
    template:`
        <div>{{index}}/{{this.listCount}}</div>
    `
}
```

运行代码，程序依然可以很好地运行，使用数据注入的方式传递数据时，父组件不需要了解哪些子组件要使用这些数据，同样子组件也无须关心所使用的数据来自哪里。一定程度上说，这使代码的可控性降低了，因此在实际开发中，我们要根据场景来决定使用怎样的方式来传递数据，而不是滥用注入技术。

6.3 组件 Mixin 技术

使用组件开发的一大优势在于可以提高代码的复用性。通过 Mixin 技术，组件的复用性可以得到进一步的提高。

6.3.1 使用 Mixin 来定义组件

当我们开发大型前端项目时，可能会定义非常多的组件，这些组件中可能有部分功能是通用的，对于这部分通用的功能，如果每个组件都编写一遍会非常烦琐，而且不易于之后的维护。首先，新建一个名为 mixin.html 的测试文件。我们编写 3 个简单的示例组件，核心代码如下：

```
<div id="Application">
    <my-com1 title="组件1"></my-com1>
    <my-com2 title="组件2"></my-com2>
    <my-com3 title="组件3"></my-com3>
</div>
<script>
    const App = Vue.createApp({})
    const com1 = {
        props:['title'],
        template:`
            <div style="border:red solid 2px;">
                {{title}}
            </div>
        `
    }
    const com2 = {
        props:['title'],
        template:`
            <div style="border:blue solid 2px;">
                {{title}}
            </div>
        `
    }
    const com3 = {
        props:['title'],
        template:`
            <div style="border:green solid 2px;">
                {{title}}
            </div>
        `
    }
    App.component("my-com1", com1)
    App.component("my-com2", com2)
```

```
        App.component("my-com3", com3)
        App.mount("#Application")
</script>
```

运行上面的代码，效果如图6-3所示。

图 6-3 组件示意图

上面的代码定义的3个示例组件中，每个组件都定义了一个名为title的外部属性，这部分代码其实可以抽离出来作为独立的"功能模块"，需要此功能的组件只需要"混入"此功能模块即可。示例代码如下：

```
const App = Vue.createApp({})
const myMixin = {
    props:['title']
}
const com1 = {
    mixins:[myMixin],
    template:`
        <div style="border:red solid 2px;">
            {{title}}
        </div>
    `
}
const com2 = {
    mixins:[myMixin],
    template:`
        <div style="border:blue solid 2px;">
            {{title}}
        </div>
    `
}
const com3 = {
    mixins:[myMixin],
    template:`
        <div style="border:green solid 2px;">
            {{title}}
        </div>
    `
}
```

如以上代码所示，我们可以定义一个混入对象，混入对象中可以包含任意的组件定义选项，当此对象被混入组件时，组件会将混入对象中提供的选项引入当前组件内部。这有些类似于编程语言中"继承"的语法。

6.3.2 Mixin 选项的合并

当混入对象与组件中定义了相同的选项时，Vue可以非常智能地对这些选项进行合并。不冲突的配置将完整合并，冲突的配置会以组件中自己的配置为准，例如：

```
const myMixin = {
    data() {
        return {
            a:"a",
            b:"b",
            c:"c"
        }
    }
}
const com = {
    mixins:[myMixin],
    data(){
        return {
            d:"d"
        }
    },
    // 组件被创建后会调用，用来测试混入的数据情况
    created() {
        // a,b,c,d都存在
        console.log(this.$data)
    }
}
```

上面的代码中，混入对象中定义了组件的属性数据，包含a、b和c共3个属性，组件本身定义了d属性，最终组件在使用时，其内部的属性会包含a、b、c和d。如果属性的定义有冲突，则以组件内部定义的为准，例如：

```
const myMixin = {
    props:["title"],
    data() {
        return {
            a:"a",
            b:"b",
            c:"c"
        }
    }
}
const com = {
    mixins:[myMixin],
    data(){
        return {
            c:"C"
```

```
        }
    },
    // 组件被创建后会调用，用来测试混入的数据情况
    created() {
        // 属性c的值为"C"
        console.log(this.$data)
    }
}
```

生命周期函数的这些配置项的混入与属性类的配置项的混入略有不同，不重名的生命周期函数会被完整混入组件，重名的生命周期函数被混入组件时，在函数触发时，会先触发Mixin对象中的实现，再触发组件内部的实现，这类似于面向对象编程中子类对父类方法的覆写，例如：

```
const myMixin = {
    mounted () {
        console.log("Mixin对象mounted")
    }
}
const com = {
    mounted () {
        console.log("组件本身mounted")
    }
}
```

运行上面的代码，当 com 组件被挂载时，控制台会先打印"Mixin 对象 mounted"之后再打印"组件本身 mounted"。

6.3.3 进行全局 Mixin

Vue也支持对应用进行全局Mixin混入。直接对应用实例进行Mixin设置即可，实例代码如下：

```
const App = Vue.createApp({})
App.mixin({
    mounted () {
        console.log("Mixin对象mounted")
    }
})
```

需要注意，虽然全局Mixin使用起来非常方便，但是其会使之后所有注册的组件都默认被混入这些选项，当程序出现问题时，这会增加排查问题的难度。全局Mixin技术非常适合开发插件，如开发组件挂载的记录工具等。

6.4 使用自定义指令

在Vue中，指令的使用无处不在，我们前面一直在使用的v-bind、v-model、v-on等都是指令。

Vue中也提供了自定义指令的能力,对于某些定制化的需求,配合自定义指令来封装组件可以使开发过程变得非常容易。

6.4.1 认识自定义指令

Vue内置的指令已经提供了大部分核心功能,但是有时候我们仍需要直接操作DOM元素来实现业务功能,这时就可以使用自定义指令。我们可以先来看一个简单的示例,首先,新建一个名为directive.html的文件,我们来实现如下功能:页面上提供一个input输入框,当页面被加载后,输入框默认处于焦点状态,即用户可以直接对输入框进行输入。编写示例代码如下:

```
<div id="Application">
   <input v-getfocus />
</div>
<script>
   const App = Vue.createApp({})
   App.directive('getfocus', {
      // 当绑定此指令的元素被挂载时调用
      mounted (element) {
         console.log("组件获得了焦点")
         element.focus()
      }
   })
   App.mount("#Application")
</script>
```

如以上代码所示,调用应用示例的directive方法可以注册全局的自定义指令。上面的代码中,getfocus是指令的名称,在使用时需要加上"v-"前缀。运行上面的代码,可以看到页面被加载时其中的输入框默认处于焦点状态,可以直接进行输入。

在自定义指令时,通常需要在组件的某些生命周期节点进行操作,自定义指令中除了支持mounted生命周期方法外,也支持使用beforeMount、beforeUpdate、updated、beforeUnmount和unmounted生命周期方法,我们可以选择合适的时机来实现自定义指令的逻辑。

上面的示例代码中采用全局注册的方式来自定义指令,因此所有组件都可以使用,如果只想让自定义指令在指令的组件上可用,也可以在定义组件时(局部注册),在组件内部进行directives配置来定义自定义指令,代码如下:

```
const sub = {
   directives: {
      // 组件内部的自定义指令
      getfocus:{
         mounted(el) {
            el.focus()
         }
      }
   },
   mounted () {
      // 组件挂载
```

```
        console.log(this.version)
    }
}
App.component("sub-com", sub)
```

6.4.2 自定义指令的参数

在6.4.1节中,我们演示了一个自定义指令的小例子,这个例子本身非常简单,没有为自定义指令进行赋值,也没有使用自定义指令的参数。我们知道,Vue内置的指令是可以设置值和参数的,如对于v-on指令,可以设置值为函数来响应交互事件,也可以通过设置参数来控制要监听的事件类型。

自定义指令也可以设置值和参数,这些设置数据会通过一个param对象传递到指令中实现的生命周期方法中,示例如下:

```
<div id="Application">
    <input v-getfocus:custom="1" />
</div>
<script>
    const App = Vue.createApp({})
    App.directive('getfocus', {
        // 当绑定此指令的元素被挂载时调用
        mounted (element, param) {
            if (param.value == "1") {
                element.focus()
            }
            // 将打印参数:custom
            console.log("参数:" + param.arg)
        }
    })
    App.mount("#Application")
</script>
```

上面的代码很好理解,指令设置的值1被绑定到param对象的value属性上,指令设置的custom参数被绑定到param对象的arg属性上。

有了参数,Vue自定义指令的使用可以非常灵活,通过不同的参数进行区分,我们可以很方便地处理复杂的组件渲染逻辑。

对于指令设置的值,其也允许直接设置为JavaScript对象,例如下面的设置也是合法的:

```
<input v-getfocus:custom="{a:1, b:2}" />
```

6.5 使用组件的Teleport功能开发全局弹窗

Teleport可以简单翻译为"传送,传递",是Vue 3.0提供的新功能。有了Teleport功能,在编写代码时,开发者可以将相关行为的逻辑和UI封装到同一个组件中,以提高代码的聚合性。

要明白Teleport功能如何使用，以及适用的场景，我们可以通过一个小例子来体会。本例是开发一个全局弹窗组件，此组件自带一个触发按钮，当用户单击此按钮后，将会弹出弹窗。新建一个名为teleport.html的测试文件，在其中编写如下核心代码：

```
<div id="Application">
    <my-alert></my-alert>
</div>
<script>
    const App = Vue.createApp({})
    App.component("my-alert",{
        template:`
            <div>
                <button @click="show = true">弹出弹窗</button>
            </div>
            <div v-if="show" style="text-align: center;padding:20px;
position:absolute;top: 45%; left:30%; width:40%; border:black solid 2px;
background-color:white">
                <h3>弹窗</h3>
                <button @click="show = false">隐藏弹窗</button>
            </div>
        `,
        data(){
            return {
                show:false
            }
        }
    })
    App.mount("#Application")
</script>
```

上面的代码中，我们定义了一个名为my-alert的组件，这个组件默认提供了一个功能按钮，单击后会弹出弹窗，按钮和弹窗的逻辑都被聚合到了组件内部。运行代码，效果如图6-4所示。

图6-4 弹窗效果

目前看来，我们的代码运行没什么问题，但是此组件的可用性并不好，当我们在其他组件内部使用此组件时，全局弹窗的布局可能就无法达到我们的预期，例如修改HTML结构如下：

```
<div id="Application">
    <div style="position: absolute; width: 50px;">
        <my-alert></my-alert>
    </div>
</div>
```

再次运行代码，由于当前组件被放入一个外部的div元素内，因此其弹窗布局会受到影响，效果如图6-5所示。

图 6-5　组件树结构影响布局

为了避免这种由于组件树结构的改变而影响组件内元素的布局的问题，一种方式是将触发事件的按钮与全局的弹窗分成两个组件编写，保证全局弹窗组件挂载在body标签下，但这样会使得相关的组件逻辑被分散在不同的地方，不易于后续维护；另一种方式是使用Teleport。

在定义组件时，如果组件模板中的某些元素只能挂载在指定的标签下，可以使用Teleport来指定，可以形象地理解Teleport的功能是将此部分元素"传送"到指令的标签下，以上面的代码为例，可以指定全局弹窗只挂载在body元素下，修改如下：

```
App.component("my-alert",{
    template:`
        <div>
            <button @click="show = true">弹出弹窗</button>
        </div>
        <teleport to="body">
            <div v-if="show" style="text-align: center;padding:20px;
position:absolute;top: 30%; left:30%; width:40%; border:black solid 2px;
background-color:white">
                <h3>弹窗</h3>
                <button @click="show = false">隐藏弹窗</button>
            </div>
        </teleport>
    `,
    data(){
        return {
            show:false
        }
```

```
    }
})
```

优化后的代码无论组件本身在组件树中的何处，弹窗都能正确地布局。

6.6　小结与练习

本章介绍了组件的更多高级用法。了解组件的生命周期有利于我们更加得心应手地控制组件的行为，同时Mixin、自定义指令和Teleport技术都使得组件的灵活性得到进一步的提高。尝试回答下面的问题。

练习1：Vue组件的生命周期钩子是指什么？有怎样的应用？

温馨提示：生命周期钩子的本质是方法，只是这些方法由Vue系统自动调用，在组件从创建到销毁的整个过程中，生命周期方法会在其对应的时机被触发。通过实现生命周期方法，我们可以将一些业务逻辑加到组件的挂载、卸载、更新等过程中。

练习2：Vue应用实例有哪些配置可用？

温馨提示：可以从常用的配置项说起，如进行全局组件的注册、配置异常与警告的捕获、进行全局自定义指令的注册等。

练习3：在定义Vue组件时，Props有何应用？

温馨提示：Props是父组件传值到子组件的重要方式，在定义组件的Props时，我们应该尽量将其定义为描述性对象，对Props的类型、默认值、可选性进行控制，如果有必要，也可以进行自定义的有效性验证。

练习4：Vue组件间如何进行传值？

温馨提示：可以简述Props的基本应用、全局数据的基本应用以及如何使用数据注入技术进行组件内数据跨层级传递。

练习5：什么是Mixin技术？

温馨提示：Mixin技术与继承有许多类似的地方，可以将某些组件间公用的部分抽离到Mixin对象中，从而增强代码的复用性。Mixin分为全局Mixin和局部Mixin，需要额外注意Mixin数据冲突时Vue中的合并规则。

练习6：Teleport是怎样一种特性？

温馨提示：Teleport的核心是在组件内部可以指定某些元素挂载到指定的标签下，其可以使组件中的部分元素脱离组件自己的布局树结构来进行渲染。

第7章

Vue 响应式编程

响应式是Vue框架重要的特点，在开发中，对Vue响应式特性的使用非常频繁，常见的是通过数据绑定的方式将变量的值渲染到页面中，当变量发生变化时，页面对应的元素也会更新。本章将深入探讨Vue响应式的原理，理解Vue的底层设计逻辑。

通过本章，你将学习到：

- Vue 的响应式底层原理。
- 在 Vue 中使用响应式对象与数据。
- Vue 3 的新特性：组合式 API 的应用。

7.1 响应式编程的原理及在 Vue 中的应用

虽说响应式编程我们时时都在使用，但是可能从未思考过其工作原理是怎样的。其实响应式的本质是对变量的监听，当监听到变量发生变化时，我们可以做一些预定义的逻辑。例如对于数据绑定技术来说，需要做的是在变量发生改变时及时对页面元素进行刷新。

响应式的原理在生活中处处可见，例如开关与电灯的关系就是响应式的，通过改变开关的状态，我们可以轻松地控制电灯的开关。也有更复杂一些的，例如在使用Excel软件时，当需要对数据进行统计时，可以使用"公式"进行计算，当公式所使用的变量发生变化时，对应的结果也会产生变化。

7.1.1 手动追踪变量的变化

首先,新建一个名为react.html的测试文件,编写下面的示例代码:

```
<script>
    let a = 1;
    let b = 2;
    let sum = a + b;
    console.log(sum);
    a = 3;
    b = 4;
    console.log(sum);
</script>
```

运行代码,观察控制台,可以看到两次输出的sum变量的值都是3。也就是说,虽然从逻辑上理解,sum值的意义是变量a和变量b的值的和,但是当变量a和变量b发生改变时,变量sum的值并不会响应式地进行改变。

那么我们如何为sum这类变量增加响应式呢?首先需要能够监听会影响最终sum变量值的子变量的变化,即要监听变量a和变量b的变化。在JavaScript中,可以使用Proxy对原对象进行包装,从而实现对对象属性设置和获取的监听,修改上面的代码如下:

```
<script>
    // 定义对象数据
    let a = {
        value:1
    };
    let b = {
        value:2
    };
    // 定义处理器
    handleA = {
        get(target, prop) {
            console.log(`获取A: ${prop}的值`)
            return target[prop]
        },
        set(target, key, value) {
            console.log(`设置A: ${key}的值${value}`)
        }
    }
    handleB = {
        get(target, prop) {
            console.log(`获取B: ${prop}的值`)
            return target[prop]
        },
        set(target, key, value) {
            console.log(`设置B: ${key}的值${value}`)
        }
    }
```

```
        let pa = new Proxy(a, handleA)
        let pb = new Proxy(b, handleB)
        let sum = pa.value + pb.value;
        pa.value = 3;
        pb.value = 4;
</script>
```

如以上代码所示，Proxy对象在初始化时需要传入一个要包装的对象和对应的处理器，处理器中可以定义get和set方法，创建的新代理对象的用法和原对象完全一致，只是在对其内部属性进行获取或设置时，都会被处理器中定义的get或set方法拦截。运行上面的代码，通过控制台的打印信息可以看到，每次获取对象value属性的值时都会调用我们定义的get方法，同样对value属性进行赋值时也会先调用set方法。

现在，我们可以尝试使sum变量具备响应式了，修改代码如下：

```
<script>
    // 数据对象
    let a = {
        value:1
    };
    let b = {
        value:2
    };
    // 定义触发器，用来刷新数据
    let trigger = null;
    // 数据变量的处理器，当数据发生变化时，调用触发器刷新
    handleA = {
        set(target, key, value) {
            target[key] = value
            if (trigger) {
                trigger()
            }
        }
    }
    handleB = {
        set(target, key, value) {
            target[key] = value
            if (trigger) {
                trigger()
            }
        }
    }
    // 进行对象的代理包装
    let pa = new Proxy(a, handleA)
    let pb = new Proxy(b, handleB)
    let sum = 0;
    // 实现触发器逻辑
    trigger = () => {
        sum = pa.value + pb.value;
    };
```

```
        trigger();
        console.log(sum);
        pa.value = 3;
        pb.value = 4;
        console.log(sum);
</script>
```

上面的示例代码有着很详细的功能注释，理解起来非常简单。运行代码，可以发现，此时只要数据对象的value属性值发生了变化，sum变量的值就会实时地进行更新。

7.1.2 Vue 中的响应式对象

在 7.1.1 节中，我们通过使用 JavaScript 的 Proxy 对象实现了对象的响应式。在 Vue 中，大多数情况下都不需要关心数据的响应式问题，因为按照 Vue 组件模板编写组件元素时，data 方法中返回的数据默认都是有响应式的。然而，在有些场景下，我们依然需要对某些数据进行特殊的响应式处理。

在 Vue 3.0 中引入了组合式 API 的新特性，这种新特性允许我们在 setup 方法中定义组件需要的数据和函数。关于组合式 API 的应用，本章后面会进行更具体的介绍。本节只需要了解 setup 方法可以在组件被创建前定义组件需要的数据和函数即可。

新建一个名为reactObj.html的测试文件，在其中编写如下测试代码：

```
<body>
    <div id="Application">
    </div>
    <script>
        const App = Vue.createApp({
            // 进行组件数据的初始化
            setup () {
                // 数据
                let myData = {
                    value:0
                }
                // 按钮的单击方法
                function click() {
                    myData.value += 1
                    console.log(myData.value)
                }
                // 将数据返回
                return {
                    myData,
                    click
                }
            },
            // 模板中可以直接使用setup方法中定义的数据和函数
            template:`
                <h1>测试数据：{{myData.value}}</h1>
                <button @click="click">点击</button>
```

```
    })
    App.mount("#Application")
</script>
</body>
```

运行上面的代码，可以看到页面成功渲染出了组件定义的HTML模板元素，并且可以正常地触发按钮的单击交互方法，但是我们无论怎么单击按钮，页面上渲染的数字永远不会改变。从控制台可以看出，myData对象的value属性已经发生了变化，但是页面并没有被刷新。这是由于myData对象是我们自己定义的普通JavaScript对象，其本身并没有响应式，对其进行的修改也不会同步刷新到页面上，这与我们常规使用组件的data方法返回的数据不同，data方法返回的数据会被默认保存成Proxy对象，从而获得响应式。

为了解决上面的问题，Vue 3.0中提供了reactive方法，使用这个方法对自定义的JavaScript对象进行包装，即可以方便地为其添加响应式。修改上面代码中的setup方法如下：

```
setup () {
    let myData = Vue.reactive({
        value:0
    })
    function click() {
        myData.value += 1
        console.log(myData.value)
    }
    return {
        myData,
        click
    }
}
```

再次运行代码，当myData中的value属性发生变化时，已经可以同步进行页面元素的刷新了。

7.1.3 独立的响应式值 Ref 的应用

现在，相信你已经可以熟练地定义响应式对象了。在实际开发中，很多时候我们需要的只是一个独立的原始值，以7.1.2节的示例代码为例，我们需要的只是一个数值。对于这种场景，不需要手动将其包装为对象的属性，可以直接使用Vue提供的ref方法来定义响应式独立值，ref方法会帮我们完成对象的包装，示例代码如下：

```
<script>
    const App = Vue.createApp({
        setup () {
            // 定义响应式独立值
            let myObject = Vue.ref(0)
            // 需要注意，myObject会自动包装对象，其中定义value属性为原始值
            function click() {
                myObject.value += 1
                console.log(myObject.value)
```

```
            }
            // 返回的数据myObject在模板中使用时已经是独立值
            return {
                myObject,
                click
            }
        },
        template:`
            <h1>测试数据：{{myObject}}</h1>
            <button @click="click">点击</button>
        `
    })
    App.mount("#Application")
</script>
```

上面代码的运行效果和之前完全没有区别，有一点需要注意，使用ref方法创建了响应式对象后，在setup方法内要修改数据，就需要对myObject中的value属性值进行修改，value属性值是Vue内部生成的，但是对于setup方法导出的数据来说，我们在模板中使用的myObject数据已经是最终的独立值，可以直接进行使用。也就是说，在模板中使用setup返回的使用ref定义的数据时，数据对象会被自动展开。

Vue中还提供了一个名为toRefs的方法来支持响应式对象的解构赋值。解构赋值是JavaScript中的一种语法，可以直接将JavaScript对象中的属性进行解构，从而直接赋值给变量使用。改写代码如下：

```
<div id="Application">
</div>
<script>
    const App = Vue.createApp({
        setup () {
            let myObject = Vue.reactive({
                value:0
            })
            // 对myObject对象进行解构赋值，将value属性单独取出来
            let { value } = myObject
            function click() {
                value += 1
                console.log(value)
            }
            return {
                value,
                click
            }
        },
        template:`
            <h1>测试数据：{{value}}</h1>
            <button @click="click">点击</button>
        `
    })
    App.mount("#Application")
```

```
</script>
```

改写后的代码可以正常运行,并且能够正确获取到value变量的值,但是需要注意,value变量已经失去了响应式,对其进行的修改无法同步刷新页面。对于这种场景,可以使用Vue中提供的toRefs方法来进行对象的解构,其会自动将解构出的变量转换为ref变量,从而获得响应式:

```
const App = Vue.createApp({
    setup () {
        let myObject = Vue.reactive({
            value:0
        })
        // 结构赋值时,value会直接被转成ref变量
        let { value } = Vue.toRefs(myObject)
        function click() {
            value.value += 1
            console.log(value.value)
        }
        return {
            value,
            click
        }
    },
    template:`
        <h1>测试数据:{{value}}</h1>
        <button @click="click">点击</button>
    `
})
```

上面的代码中有一点需要注意,Vue会自动将解构的数据转换成ref对象变量,因此在setup方法中使用时,要使用其内部包装的value属性。

7.2 响应式的计算与监听

回到本章开头时编写的那段原生的JavaScript代码中:

```
<script>
    let a = 1;
    let b = 2;
    let sum = a + b;
    console.log(sum);
    a = 3;
    b = 4;
    console.log(sum);
</script>
```

这段代码本身与页面元素没有绑定关系,变量a和变量b的值仅仅会影响变量sum的值。对于这种场景,sum变量更像是一种计算变量,在Vue中提供了computed方法来定义计算变量。

7.2.1 关于计算变量

有时我们定义的变量的值依赖于其他变量的状态。当然，在组件中可以使用computed选项来定义计算属性。其实，Vue中也提供了一个同名的方法，可以直接使用其创建计算变量。

新建一个名为computed.html的测试文件，编写如下测试代码：

```html
<div id="Application">
</div>
<script>
    const App = Vue.createApp({
        setup () {
            let a = 1;
            let b = 2;
            let sum = a + b;
            function click() {
                a += 1;
                b += 2;
                console.log(a)
                console.log(b)
            }
            return {
                sum,
                click
            }
        },
        template:`
            <h1>测试数据：{{sum}}</h1>
            <button @click="click">点击</button>
        `
    })
    App.mount("#Application")
</script>
```

运行上面的代码，当我们单击按钮时，页面上渲染的数值并不会发生改变。使用计算变量的方法定义sum变量如下：

```js
let a = Vue.ref(1);
let b = Vue.ref(2);
let sum = Vue.computed(()=>{
    return a.value + b.value
});
function click() {
    a.value += 1;
    b.value += 2;
}
```

如此，变量a或变量b的值只要发生变化，就会同步改变sum变量的值，并且可以响应式地进行页面元素的更新。当然，与计算属性类似，计算变量也支持被赋值，示例如下：

```
setup () {
    let a = Vue.ref(1);
    let b = Vue.ref(2);
    let sum = Vue.computed({
        set (value){
            a.value = value
            b.value = value
        },
        get () {
            return a.value + b.value
        }
    });
    function click() {
        a.value += 1;
        b.value += 2;
        if (sum.value > 10) {
            sum.value = 0
        }
    }
    return {
        sum,
        click
    }
}
```

7.2.2 监听响应式变量

截至目前，我们已经能够使用Vue中提供的ref、reactive和computed等方法来创建拥有响应式特性的变量。有时候，当响应式变量发生变化时，我们需要监听其变化行为。在Vue 3中，watchEffect方法可以自动对其内部用到的响应式变量进行变化监听，由于其原理是在组件初始化时对所有依赖进行收集，因此在使用时无须手动指定要监听的变量，例如：

```
const App = Vue.createApp({
    setup () {
        let a = Vue.ref(1);
        Vue.watchEffect(()=>{
            // 当变量a变化时，即执行当前函数
            console.log("变量a变化了")
            console.log(a.value)
        })
        a.value = 2;
        return {
            a
        }
    }
})
```

在调用watchEffect方法时，其会立即执行传入的函数参数，并会追踪其内部的响应式变量，在其变更时再次调用此函数参数。

需要注意，watchEffect在setup方法中被调用后，其会和当前组件的生命周期绑定在一起，组件卸载时会自动停止监听，如果需要手动停止监听，方法如下：

```javascript
const App = Vue.createApp({
    setup () {
        let a = Vue.ref(1);
        // 暂存watchEffect的操作句柄
        let stop = Vue.watchEffect(()=>{
            // 当变量a变化时，即可执行当前函数
            console.log("变量a变化了")
            console.log(a.value)
        })
        a.value = 2;
        // 手动停止监听
        stop();
        a.value = 3;
        return {
            a
        }
    }
})
```

watch是一个与watchEffect类似的方法，与watchEffect方法相比，watch方法能够更加精准地监听指定的响应式数据的变化，示例代码如下：

```html
<script>
    const App = Vue.createApp({
        setup () {
            let a = Vue.reactive({
                data:0
            });
            let b = Vue.ref(0);
            Vue.watch(()=>{
                // 监听a对象的data属性变化
                return a.data
            }, (value, old)=>{
                // 新值和旧值都可以获取到
                console.log(value, old)
            })
            a.data = 1;
            // 可以直接监听ref对象
            Vue.watch(b, (value, old)=>{
                // 新值和旧值都可以获取到
                console.log(value, old)
            })
            b.value = 3;
        }
    })
    App.mount("#Application")
```

```
</script>
```

watch方法比watchEffect方法强大的地方在于，其可以分别获取到变化前的值和变化后的值，十分方便地做某些与值的比较相关的业务逻辑。从写法上来说，watch方法也支持同时监听多个数据源，示例如下：

```
setup () {
    let a = Vue.reactive({
        data:0
    });
    let b = Vue.ref(0);
    Vue.watch([()=>{
        // 监听a对象的data属性变化
        return a.data
    },b], ([valueA, valueB], [oldA, oldB])=>{
        // 新值和旧值都可以获取到
        console.log(valueA, oldA)
        console.log(valueB, oldB)
    })
    a.data = 1;
    b.value = 3;
}
```

7.3 组合式API的应用

我们前面介绍的Vue中的响应式编程技术实际上都是为了组合式API的应用而做铺垫。组合式API的使用能够帮助我们更好地梳理复杂组件的逻辑分布，能够从代码层面上将分离的相关逻辑点进行聚合，更适合进行复杂模块组件的开发。

7.3.1 关于setup方法

setup方法是Vue 3中新增的方法，属于Vue 3的新特性，同时它也是组合式API的核心方法。

setup方法是组合式API功能的入口方法，如果使用组合式API模式进行组件开发，则逻辑代码都要编写在setup方法中。需要注意，setup方法会在组件创建之前被执行，即对应组件的生命周期方法beforeCreate方法调用之前被执行。由于setup方法特殊的执行时机，除了可以访问组件的传参外部属性props之外，在其内部我们不能使用this来引用组件的其他属性，在setup方法的最后，我们可以将定义的组件所需要的数据、函数等内容暴露给组件的其他选项（比如生命周期函数、业务方法、计算属性等）。接下来，先深入了解一下setup方法。

首先创建一个名为setup.html的测试文件用来编写本节的示例代码。setup方法可以接收两个参数：props和context。props是组件使用时设置的外部参数，其是响应式的；context则是一个JavaScript对象，其中可用的属性有attrs、slots和emit。示例代码如下：

```
<div id="Application">
```

```
      <com name="组件名"></com>
</div>
<script>
   const App = Vue.createApp({})
   App.component("com",{
      setup (props, context) {
         console.log(props.name)
         // 属性
         console.log(context.attrs)
         // 插槽
         console.log(context.slots)
         // 触发事件
         console.log(context.emit)
      },
      props: {
         name: String,
      }
   })
   App.mount("#Application")
</script>
```

在setup方法的最后可以返回一个JavaScript对象，此对象包装的数据可以在组件的其他选项中使用，也可以直接用于HTML模板中，示例如下：

```
App.component("com",{
   setup (props, context) {
      let data = "setup的数据";
      return {
         data
      }
   },
   props: {
      name: String,
   },
   template:`
      <div>{{data}}</div>
   `
})
```

如果不在组件中定义template模板，也可以直接使用setup方法来返回一个渲染函数，当组件将要被展示时，会使用此渲染函数进行渲染。将上面的代码改写如下会有一样的运行效果：

```
App.component("com",{
   setup (props, context) {
      let data = "setup的数据";
      return () => Vue.h('div', [data])
   },
   props: {
      name: String,
   }
})
```

最后，再次提醒，在setup方法中不要使用this关键字，setup方法中的this与当前组件实例并不是同一对象。

7.3.2 在 setup 方法中定义生命周期行为

setup方法本身也可以定义组件的生命周期方法，方便将相关的逻辑组合在一起。setup方法常用的生命周期定义方法如表7-1所示（在组件的原生命周期方法前加on即可）。

表 7-1 setup 方法常用的生命周期定义方法

组件原生命周期定义方法	setup 中的生命周期定义方法
beforeMount	onBeforeMount
mounted	onMounted
beforeUpdate	onBeforeUpdate
updated	onUpdated
beforeUnmount	onBeforeUnmount
unmounted	onUnmounted
errorCaptured	onErrorCaptured
renderTracked	onRenderTracked
renderTriggered	onRenderTriggered

你可能发现了，在表7-1中，我们去掉了beforeCreate和created两个生命周期方法，这是因为从逻辑上来说，setup方法的执行时机与这两个生命周期方法的执行时机基本是一致的，在setup方法中直接编写逻辑代码即可。

下面的代码将演示在setup方法中定义组件生命周期的方法：

```
App.component("com",{
    setup (props, context) {
        let data = "setup的数据";
        // 设置的函数参数的调用时机与mounted一样
        Vue.onMounted(()=>{
            console.log("setup定义的mounted")
        })
        return () => Vue.h('div', [data])
    },
    props: {
        name: String,
    },
    mounted() {
        console.log("组件内定义的mounted")
    }
})
```

需要注意，如果组件和setup方法中都定义了同样的生命周期方法，它们之间并不会冲突。在实际调用时，会先调用setup方法中定义的，再调用组件内部定义的。

7.4 范例：实现支持搜索和筛选的用户列表

本节将通过一个简单的实例来演示组合式API在实际开发中的应用。我们将模拟这样一种场景：有一个用户列表页面，页面的列表支持性别筛选与搜索。作为示例，可以假想用户数据是通过网络请求到前端页面的，在实际编写代码时，可以使用延时函数来模拟这一场景。

7.4.1 常规风格的示例工程开发

首先新建一个名为normal.html的测试文件，在HTML文件的head标签中引用Vue框架并设置常规的模板字段如下：

```
<head>
    <meta charset="UTF-8">
    <meta http-equiv="X-UA-Compatible" content="IE=edge">
    <meta name="viewport" content="width=device-width, initial-scale=1.0">
    <title>用户列表</title>
    <script src="https://unpkg.com/vue@next"></script>
    <style>
        .container {
            margin: 50px;
        }
        .content {
            margin: 20px;
        }
    </style>
</head>
```

为了方便逻辑的演示，本节编写的范例并不添加过多复杂的CSS样式，我们主要从逻辑上梳理这样一个简单页面应用的开发思路。

第一步，设计页面的根组件的数据框架，分析页面的功能需求，主要有3个：能够渲染用户列表、能够根据性别筛选数据以及能够根据输入的关键字进行检索。因此，我们至少需要3个响应式的数据：用户列表数据、性别筛选字段和关键词字段。定义组件的data选项如下：

```
data(){
    return {
        // 性别筛选字段
        sexFilter:-1,
        // 展示的用户列表数据
        showDatas:[],
        // 搜索的关键词
        searchKey:""
    }
}
```

上面定义的属性中,sexFilter字段的取值可以是-1、0或者1。-1表示全部,0表示性别男,1表示性别女。

第二步,思考页面需要支持的行为,首先从网络上请求用户数据,将其渲染到页面上(使用延时函数来模拟这一过程),要支持性别筛选功能,需要定义一个筛选函数来完成,同样要实现关键词检索功能,也需要定义一个检索函数。定义组件的methods选项如下:

```
methods: {
    // 获取用户数据
    queryAllData() {
        this.showDatas = mock
    },
    // 进行性别筛选
    FilterData() {
        this.searchKey = ""
        if (this.sexFilter == -1) {
            this.showDatas = mock
        } else {
            this.showDatas = mock.filter((data)=>{
                return data.sex == this.sexFilter
            })
        }
    },
    // 进行关键词检索
    searchData() {
        this.sexFilter = -1
        if (this.searchKey.length == 0) {
            this.showDatas = mock
        } else {
            this.showDatas = mock.filter((data)=>{
                // 名称中包含输入的关键词则表示匹配成功
                return data.name.search(this.searchKey) != -1
            })
        }
    }
}
```

对上面的代码进行汇总,mock变量是本地定义的模拟数据,方便我们测试效果,代码如下:

```
let mock = [
    {
        name:"小王",
        sex:0
    },{
        name:"小红",
        sex:1
    },{
        name:"小李",
        sex:1
    },{
        name:"小张",
```

```
        sex:0
    }
]
```

定义好了功能函数,我们需要在合适的时机对其进行调用,queryAllData方法可以在组件挂载时调用来获取数据,代码如下:

```
mounted () {
    // 模拟请求过程
    setTimeout(this.queryAllData, 3000);
}
```

当页面挂载后,延时3秒会获取到测试的模拟数据。对于性别筛选和关键词检索功能,可以监听对应的属性,当这些属性发生变化时,进行筛选或检索行为。定义组件的watch选项如下:

```
watch: {
    sexFilter(oldValue, newValue) {
        this.filterData()
    },
    searchKey(oldValue, newValue) {
        this.searchData()
    }
}
```

JavaScript代码的最后,需要把定义好的组件挂载到一个HTML元素上:

```
App.mount("#Application")
```

至此,我们编写完成当前页面应用的所有逻辑代码。还有第三步需要做,将页面渲染所需的HTML框架搭建完成,示例代码如下:

```
<div id="Application">
    <div class="container">
        <div class="content">
            <input type="radio" :value="-1" v-model="sexFilter"/>全部
            <input type="radio" :value="0" v-model="sexFilter"/>男
            <input type="radio" :value="1" v-model="sexFilter"/>女
        </div>
        <div class="content">搜索:<input type="text" v-model="searchKey"/></div>
        <div class="content">
            <table border="1" width="300px">
                <tr>
                    <th>姓名</th>
                    <th>性别</th>
                </tr>
                <tr v-for="(data, index) in showDatas">
                    <td>{{data.name}}</td>
                    <td>{{data.sex == 0 ? '男' : '女'}}</td>
                </tr>
            </table>
        </div>
```

```
        </div>
    </div>
```

运行代码,可以看到一个支持筛选和检索的用户列表应用已经完成了,效果如图7-1~图7-3所示。

图 7-1　用户列表页面

图 7-2　进行用户检索

图 7-3　进行用户筛选

7.4.2　使用组合式 API 重构用户列表页面

在 7.4.1 节中,我们实现了完整的用户列表页面。深入分析我们编写的代码,可以发现需要关注的逻辑点十分分散,例如用户的性别筛选是一个独立的功能,要实现这样一个功能,需要先在 data 选项中定义属性,之后在 methods 选项中定义功能方法,最后在 watch 选项中监听属性,实现筛选功能。这些逻辑点的分离使得代码的可读性变差,并且随着项目的迭代,页面的功能可能会越来越复杂,对于后续此组件的维护者来说,扩展会变得更加困难。

Vue 3 中提供的组合式 API 的开发风格可以很好地解决这个问题,我们可以将逻辑都梳理在 setup 方法中,相同的逻辑点聚合性更强,更易阅读和扩展。

使用组合式API重写后的完整代码如下:

```
<!DOCTYPE html>
<html lang="en">
<head>
```

```html
        <meta charset="UTF-8">
        <meta http-equiv="X-UA-Compatible" content="IE=edge">
        <meta name="viewport" content="width=device-width, initial-scale=1.0">
        <title>组合式API用户列表</title>
        <script src="https://unpkg.com/vue@next"></script>
        <style>
            .container {
                margin: 50px;
            }
            .content {
                margin: 20px;
            }
        </style>
</head>
<body>
        <div id="Application">
        </div>
        <script>
            let mock = [
                {
                    name:"小王",
                    sex:0
                },{
                    name:"小红",
                    sex:1
                },{
                    name:"小李",
                    sex:1
                },{
                    name:"小张",
                    sex:0
                }
            ]
            const App = Vue.createApp({
                setup() {
                    // 先处理用户列表相关逻辑
                    const showDatas = Vue.ref([])
                    const queryAllData = () => {
                        // 模拟请求过程
                        setTimeout(()=>{
                            showDatas.value = mock
                        }, 3000);
                    }
                    // 组件挂载时获取数据
                    Vue.onMounted(queryAllData)
                    // 处理筛选与检索逻辑
                    let sexFilter = Vue.ref(-1)
                    let searchKey = Vue.ref("")
                    let FilterData = () => {
                        searchKey.value = ""
```

```
            if (sexFilter.value == -1) {
                showDatas.value = mock
            } else {
                showDatas.value = mock.filter((data)=>{
                    return data.sex == sexFilter.value
                })
            }
        }
        searchData = () => {
            sexFilter.value = -1
            if (searchKey.value.length == 0) {
                showDatas.value = mock
            } else {
                showDatas.value = mock.filter((data)=>{
                    return data.name.search(searchKey.value) != -1
                })
            }
        }
        // 添加侦听
        Vue.watch(sexFilter, FilterData)
        Vue.watch(searchKey, searchData)
        // 将模板中需要使用的数据返回
        return {
            showDatas,
            searchKey,
            sexFilter
        }
    },
    template: `
<div class="container">
    <div class="content">
        <input type="radio" :value="-1" v-model="sexFilter"/>全部
        <input type="radio" :value="0" v-model="sexFilter"/>男
        <input type="radio" :value="1" v-model="sexFilter"/>女
    </div>
    <div class="content">搜索:<input type="text" v-model="searchKey"/></div>
    <div class="content">
        <table border="1" width="300px">
            <tr>
            <th>姓名</th>
            <th>性别</th>
            </tr>
            <tr v-for="(data, index) in showDatas">
            <td>{{data.name}}</td>
            <td>{{data.sex == 0 ? '男' : '女'}}</td>
            </tr>
        </table>
    </div>
</div>
```

```
        })
        App.mount("#Application")
    </script>
</body>
</html>
```

在使用组合式API编写代码时,特别要注意,对于需要使用的响应式数据,要使用ref方法或reactive方法进行包装。

7.5 小结与练习

本章介绍了Vue响应式编程的基本原理,也介绍了组合式API的基本使用。请读者运用本章知识实现如下练习。

练习1:如何使得定义在setup方法中的数据成为响应式的?

温馨提示:对于对象类的数据,可以使用reactive进行包装,对于直接的简单数据,可以使用ref方法进行包装。需要注意,使用ref包装的数据在setup方法中访问时,需要使用其内部的value属性进行访问,当我们将ref数据返回在模板中进行使用时,则会默认进行转换,可以直接使用。除了使用reactive和ref方法来包装数据外,也可以使用computed方法来定义计算数据,以实现响应式。

练习2:对应传统的Vue组件开发方式,使用组合式API的方法开发有什么不同?

温馨提示:传统的 Vue 组件的开发方式需要将数据、方法、侦听等逻辑分别配置在不同的选项中,这使得对于完成一个独立的功能,其逻辑关注点要分别写在不同的地方,不利于代码的可读性。Vue 3 中引入了组合式 API 的开发方式,开发者在编写组件时可以在 setup 方法中将组件的逻辑聚合地编写在一起。

第8章

动　　画

在前端网页开发中，动画是一种非常重要的技术。合理地运用动画可以极大地提高用户的使用体验。Vue中提供了一些与过渡和动画相关的抽象概念，它们可以帮助我们方便快速地定义和使用动画。本章将从原生的CSS动画开始介绍，逐步深入Vue中动画API的相关应用。

通过本章，你将学习到：

- 纯粹的CSS3动画的使用。
- 使用JavaScript的方式实现动画效果。
- Vue中过渡组件的应用。
- 为列表的变化添加动画过渡。

8.1　使用CSS3创建动画

CSS3本身支持非常丰富的动画效果。组件的过渡、渐变、移动、翻转等都可以添加动画效果。CSS3动画的核心是定义keyframes或transition。keyframes定义了动画的行为，比如对于颜色渐变的动画，需要定义起始颜色和终止颜色，浏览器会自动帮助我们计算其间的所有中间态来执行动画。transition的使用更加简单，当组件的CSS属性发生变化时，使用transition来定义其过渡动画的属性即可。

8.1.1 transition 过渡动画

首先新建一个名为transition.html的测试文件，在其中编写如下JavaScript、HTML和CSS代码：

```
<style>
    .demo {
        width: 100px;
        height: 100px;
        background-color: red;
    }
    .demo-ani {
        width: 200px;
        height: 200px;
        background-color: blue;
        transition: width 2s, height 2s,background-color 2s;
    }
</style>
<div id="Application">
    <div :class="cls" @click="run">
    </div>
</div>
<script>
    const App = Vue.createApp({
        data(){
            return {
                cls:"demo"
            }
        },
        methods: {
            run() {
                if (this.cls == "demo") {
                    this.cls = "demo-ani"
                } else {
                    this.cls = "demo"
                }
            }
        }
    })
    App.mount("#Application")
</script>
```

如以上代码所示，CSS中定义的demo-ani类中指定了transition属性，这个属性中可以设置要过渡的属性以及动画时间。运行上面的代码，单击页面中的色块，可以看到色块变大的过程会附带动画效果，颜色变化的过程也附带动画效果。上面的示例代码实际上使用了简写方式，我们也可以逐条属性对动画效果进行设置。示例代码如下：

```
.demo {
    width: 100px;
```

```
        height: 100px;
        background-color: red;
        transition-property: width, height, background-color;
        transition-duration: 1s;
        transition-timing-function: linear;
        transition-delay: 2s;
    }
```

其中，transition-property用来设置动画的属性；transition-duration用来设置动画的执行时长；transition-timing-function用来设置动画的执行方式，linear表示以线性的方式执行；transition-delay用来进行延时设置，即延时多长时间后开始执行动画。

8.1.2　keyframes 动画

transition动画适合用来创建简单的过渡效果。CSS3中支持使用animation属性来配置更加复杂的动画效果。animation属性根据keyframes配置来执行基于关键帧的动画效果。新建一个名为keyframes.html的测试文件。编写如下测试代码：

```
<style>
    @keyframes animation1 {
        0% {
            background-color: red;
            width: 100px;
            height: 100px;
        }
        25% {
            background-color: orchid;
            width: 200px;
            height: 200px;
        }
        75% {
            background-color: green;
            width: 150px;
            height: 150px;
        }
        100% {
            background-color: blue;
            width: 200px;
            height: 200px;
        }
    }
    .demo {
        width: 100px;
        height: 100px;
        background-color: red;

    }
    .demo-ani {
```

```
            animation: animation1 4s linear;
            width: 200px;
            height: 200px;
            background-color: blue;
        }
    </style>
    <div id="Application">
        <div :class="cls" @click="run">
        </div>
    </div>
    <script>
        const App = Vue.createApp({
            data(){
                return {
                    cls:"demo"
                }
            },
            methods: {
                run() {
                    if (this.cls == "demo") {
                        this.cls = "demo-ani"
                    } else {
                        this.cls = "demo"
                    }
                }
            }
        })
        App.mount("#Application")
    </script>
```

在上面的CSS代码中，keyframes用来定义动画的名称和每个关键帧的状态，0%表示动画起始时的状态，25%表示动画执行到1/4时的状态，同理，100%表示动画的终止状态。对于每个状态，我们将其定义为一个关键帧，在关键帧中，可以定义元素的各种渲染属性，比如宽和高、位置、颜色等。在定义keyframes时，如果只关心起始状态与终止状态，也可以这样定义：

```
@keyframes animation1 {
    from {
        background-color: red;
        width: 100px;
        height: 100px;
    }
    to {
        background-color: orchid;
        width: 200px;
        height: 200px;
    }
}
```

定义好了keyframes关键帧，在编写CSS样式代码时可以使用animation属性为其指定动画效果，如以上代码设置要执行的动画为名为animation1的关键帧动画，执行时长为4秒，执行方式为线性。animation 的这些配置项也可以分别进行设置，示例如下：

```css
.demo-ani {
    /* 设置关键帧动画名称 */
    animation-name: animation1;
    /* 设置动画时长 */
    animation-duration: 3s;
    /* 设置动画播放方式：渐入渐出 */
    animation-timing-function: ease-in-out;
    /* 设置动画播放的方向 */
    animation-direction: alternate;
    /* 设置动画播放的次数 */
    animation-iteration-count: infinite;
    /* 设置动画的播放状态 */
    animation-play-state: running;
    /* 设置播放动画的延迟时间 */
    animation-delay: 1s;
    /* 设置动画播放结束应用的元素样式 */
    animation-fill-mode:forwards;
    width: 200px;
    height: 200px;
    background-color: blue;
}
```

通过上面的范例，我们已经基本了解了如何使用原生的 CSS，有了这些基础，再使用 Vue 中提供的动画相关 API 时会非常容易。

8.2 使用 JavaScript 的方式实现动画效果

动画的本质是将元素的变化以渐进的方式完成，即将大的状态变化拆分成非常多个小的状态变化，通过不断执行这些变化来达到动画的效果。使用 JavaScript 代码来启用定时器，按照一定频率进行组件状态的变化也可以实现动画效果。下面我们来看一个 JavaScript 动画示例。

新建一个名为 jsAnimation.html 的测试文件。在其中编写如下核心测试代码：

```html
<div id="Application">
    <div :style="{backgroundColor: 'blue', width: width + 'px', height:height + 'px'}" @click="run">
    </div>
</div>
<script>
    const App = Vue.createApp({
        data(){
            return {
                width:100,
                height:100,
                timer:null
            }
```

```
        },
        methods: {
            run() {
                this.timer = setInterval(this.animation, 10)
            },
            animation() {
                if (this.width == 200) {
                    clearInterval(this.timer)
                    return
                } else {
                    this.width += 1
                    this.height += 1
                }
            }
        }
    })
    App.mount("#Application")
</script>
```

setInterval方法用来开启一个定时器，上面代码中设置每10毫秒执行一次回调函数，在回调函数中，我们逐像素地将色块的尺寸放大，最终就产生了动画效果。使用JavaScript可以更加灵活地控制动画的效果，在实际开发中，结合Canvas的使用，JavaScript可以实现非常强大的自定义动画效果。还有一点需要注意，当动画结束后，要使用clearInterval方法将对应的定时器停止。

8.3 Vue 过渡动画

Vue组件在页面中被插入、移除或者更新的时候都可以附带转场效果，即可以展示过渡动画。例如，当我们使用v-if和v-show指令控制组件的显示和隐藏时，就可以将其过程以动画的方式进行展现。

8.3.1 定义过渡动画

Vue过渡动画的核心原理依然是采用CSS类来实现的，只是Vue帮助我们在组件的不同生命周期自动切换不同的CSS类。

Vue中默认提供了一个名为transition的内置组件，可以用其来包装要展示过渡动画的组件。transition组件的name属性用来设置要执行的动画名称，Vue中约定了一系列CSS类名规则来定义各个过渡过程中的组件状态。我们可以通过一个简单的示例来体会Vue的这一功能。

首先，新建一个名为vueTransition.html的测试文件，编写如下示例代码：

```
<style>
    .ani-enter-from {
        width: 0px;
        height: 0px;
```

```
            background-color: red;
        }
        .ani-enter-active {
            transition: width 2s, height 2s, background-color 2s;
        }
        .ani-enter-to {
            width: 100px;
            height: 100px;
            background-color: blue;
        }
        .ani-leave-from {
            width: 100px;
            height: 100px;
            background-color: blue;
        }
        .ani-leave-active {
            transition: width 2s, height 2s, background-color 3s;
        }
        .ani-leave-to {
            width: 0px;
            height: 0px;
            background-color: red;
        }
</style>
<div id="Application">
    <button @click="click">显示/隐藏</button>
    <transition name="ani">
        <div v-if="show">
        </div>
    </transition>
</div>
<script>
    const App = Vue.createApp({
        data(){
            return {
                show:false
            }
        },
        methods:{
            click(){
                this.show = !this.show
            }
        }
    })
    App.mount("#Application")
</script>
```

运行代码，尝试单击页面上的功能按钮，可以看到组件在显示/隐藏过程中表现出的过渡动画效果。上面代码的核心是定义的6个特殊的CSS类，这6个CSS类没有显式地使用，但是其在组件执行动画的过程中起到了不可替代的作用。当我们为transition组件的name属性设置动画名称之后，当组件被插入页面被移除时，其会自动寻找以此动画名称开头的CSS类，格式如下：

```
x-enter-from
x-enter-active
x-enter-to
x-leave-from
x-leave-active
x-leave-to
```

其中，x表示定义的过渡动画名称。上面6种特殊的CSS类，前3种用来定义组件被插入页面的动画效果，后3种用来定义组件被移出页面的动画效果。

x-enter-from类在组件即将被插入页面时被添加到组件上，可以理解为组件的初始状态，元素被插入页面后此类会马上被移除。

v-enter-to类在组件被插入页面后立即被添加，此时x-enter-from类会被移除，可以理解为组件过渡的最终状态。

v-enter-active类在组件的整个插入过渡动画中都会被添加，直到组件的过渡动画结束后才会被移除。可以在这个类中定义组件过渡动画的时长、方式、延迟等。

x-leave-from与x-enter-from相对应，在组件即将被移除时此类会被添加。用来定义移除组件时过渡动画的起始状态。

x-leave-to则对应地用来设置移除组件动画的终止状态。

x-leave-active类在组件的整个移除过渡动画中都会被添加，直到组件的过渡动画结束后才会被移除。可以在这个类中定义组件过渡动画的时长、方式、延迟等。

你可能也发现了，上面提到的6种特殊的CSS类虽然被添加的时机不同，但是最终都会被移除，因此当动画执行完成后，组件的样式并不会保留，更常见的做法是在组件本身绑定一个最终状态的样式类，示例如下：

```
<transition name="ani">
    <div v-if="show" class="demo">
    </div>
</transition>
```

CSS代码如下：

```
.demo {
    width: 100px;
    height: 100px;
    background-color: blue;
}
```

这样，组件的显示或隐藏过程就变得非常流畅。上面的示例代码使用CSS中的transition来实现动画，其实使用animation的关键帧方式定义动画效果也是一样的，CSS示例代码如下：

```
<style>
    @keyframes keyframe-in {
        from {
            width: 0px;
            height: 0px;
            background-color: red;
```

```css
    }
    to {
        width: 100px;
        height: 100px;
        background-color: blue;
    }
}
@keyframes keyframe-out {
    from {
        width: 100px;
        height: 100px;
        background-color: blue;
    }
    to {
        width: 0px;
        height: 0px;
        background-color: red;
    }
}
.demo {
    width: 100px;
    height: 100px;
    background-color: blue;
}
.ani-enter-from {
    width: 0px;
    height: 0px;
    background-color: red;
}
.ani-enter-active {
    animation: keyframe-in 3s;
}
.ani-enter-to {
    width: 100px;
    height: 100px;
    background-color: blue;
}
.ani-leave-from {
    width: 100px;
    height: 100px;
    background-color: blue;
}
.ani-leave-active {
    animation: keyframe-out 3s;
}
.ani-leave-to {
    width: 0px;
    height: 0px;
    background-color: red;
}
```

```
</style>
```

8.3.2　设置动画过程中的监听回调

我们知道，对于组件的加载或卸载过程，有一系列的生命周期函数会被调用。对于Vue中的转场动画来说，也可以注册一系列的函数来对其过程进行监听。示例如下：

```
<transition name="ani"
@before-enter="beforeEnter"
@enter="enter"
@after-enter="afterEnter"
@enter-cancelled="enterCancelled"
@before-leave="beforeLeave"
@leave="leave"
@after-leave="afterLeave"
@leave-cancelled="leaveCancelled">
   <div v-if="show" class="demo">
   </div>
</transition>
```

上面注册的回调方法需要在组件的 **methods** 选项中实现：

```
methods:{
   // 组件插入过渡开始前
   beforeEnter(el) {
      console.log("beforeEnter")
   },
   // 组件插入过渡开始
   enter(el, done) {
      console.log("enter")
   },
   // 组件插入过渡后
   afterEnter(el) {
      console.log("afterEnter")
   },
   // 组件插入过渡取消
   enterCancelled(el) {
      console.log("enterCancelled")
   },
   // 组件移除过渡开始前
   beforeLeave(el) {
      console.log("beforeLeave")
   },
   // 组件移除过渡开始
   leave(el, done) {
      console.log("leave")
   },
   // 组件移除过渡后
   afterLeave(el) {
      console.log("afterLeave")
```

```
    },
    // 组件移除过渡取消
    leaveCancelled(el) {
        console.log("leaveCancelled")
    }
}
```

有了这些回调函数,可以在组件过渡动画过程中实现复杂的业务逻辑,也可以通过JavaScript来自定义过渡动画,当我们需要自定义过渡动画时,需要将transition组件的CSS属性关掉,代码如下:

```
<div id="Application">
    <button @click="click">显示/隐藏</button>
    <transition name="ani" :css="false">
        <div v-show="show" class="demo">
        </div>
    </transition>
</div>
```

还有一点需要注意,上面列举的回调函数中,有两个函数比较特殊:enter和leave。这两个函数除了会将当前元素作为参数外,还有一个函数类型的done参数,如果我们将transition组件的CSS属性关闭,决定使用JavaScript来实现自定义的过渡动画,这两个方法中的done函数最后必须被手动调用,否则过渡动画会立即完成。

8.3.3 多个组件的过渡动画

Vue中的transition组件支持同时包装多个互斥的子组件元素,从而实现多组件的过渡效果。在实际开发中,有很多这类常见的场景,例如元素A消失的同时元素B展示。核心示例代码如下:

```
<style>
    .demo {
        width: 100px;
        height: 100px;
        background-color: blue;
    }
    .demo2 {
        width: 100px;
        height: 100px;
        background-color: blue;
    }
    .ani-enter-from {
        width: 0px;
        height: 0px;
        background-color: red;
    }
    .ani-enter-active {
        transition: width 3s, height 3s, background-color 3s;
    }
    .ani-enter-to {
```

```
        width: 100px;
        height: 100px;
        background-color: blue;
    }
    .ani-leave-from {
        width: 100px;
        height: 100px;
        background-color: blue;
    }
    .ani-leave-active {
        transition: width 3s, height 3s, background-color 3s;
    }
    .ani-leave-to {
        width: 0px;
        height: 0px;
        background-color: red;
    }
</style>
<div id="Application">
    <button @click="click">显示/隐藏</button>
    <transition name="ani">
        <div v-if="show" class="demo">
        </div>
        <div v-else class="demo2">
        </div>
    </transition>
</div>
<script>
    const App = Vue.createApp({
        data(){
            return {
                show:false
            }
        },
        methods:{
            click(){
                this.show = !this.show
            }
        }
    })
    App.mount("#Application")
</script>
```

运行代码,单击页面上的按钮,可以看到两个色块会以过渡动画的方式交替出现。默认情况下,两个元素的插入和移除动画会同步进行,有些时候这并不能满足我们的需求,大多数时候需要移除动画执行完成后,再执行插入动画。要实现这一功能非常简单,只需要对transition组件的mode属性进行设置即可,当我们将其设置为out-in时,就会先执行移除动画,再执行插入动画;将其设置为in-out时,则会先执行插入动画,再执行移除动画,代码如下:

```
<transition name="ani" mode="in-out">
```

```
    <div v-if="show" class="demo">
    </div>
    <div v-else class="demo2">
    </div>
</transition>
```

8.3.4 列表过渡动画

在实际开发中，列表是一种非常流行的页面设计方式。在Vue中，通常使用v-for指令来动态构建列表视图。在动态构建列表视图的过程中，其中的元素经常会有增删、重排等操作，在Vue中使用transition-group组件可以非常方便地实现列表元素变动的动画效果。

新建一个名为listAnimation.html的测试文件，编写如下核心示例代码：

```
<style>
    .list-enter-active,
    .list-leave-active {
        transition: all 1s ease;
    }
    .list-enter-from,
    .list-leave-to {
        opacity: 0;
    }
</style>
<div id="Application">
    <button @click="click">添加元素</button>
    <transition-group name="list">
        <div v-for="item in items" :key="item">
            元素：{{ item }}
        </div>
    </transition-group>
</div>
<script>
    const App = Vue.createApp({
        data(){
            return {
                items:[1,2,3,4,5]
            }
        },
        methods:{
            click(){
                this.items.push(this.items[this.items.length-1] + 1)
            }
        }
    })
    App.mount("#Application")
</script>
```

上面的代码非常简单，可以尝试运行一下，单击页面中的"添加元素"按钮后，可以看到列表的元素在增加，并且是以渐进动画的方式插入的。

在使用transition-group组件实现列表动画时，与transition类似，首先需要定义动画所需的CSS类，上面的示例代码中，我们只定义了透明度变化的动画。有一点需要注意，如果要使用列表动画，列表中的每一个元素都需要有一个唯一的key值。如果为上面的列表再添加一个删除元素的功能，它依然会很好地展示动画效果，删除元素的方法如下：

```
dele() {
    if(this.items.length > 0) {
        this.items.pop()
    }
}
```

除了对列表中的元素进行插入和删除可以添加动画外，对列表元素的排序过程也可以采用动画来进行过渡，只需要额外定义一个v-move类型的特殊动画类即可，例如为上面的代码增加如下CSS类：

```
.list-move {
    transition: transform 1s ease;
}
```

之后可以尝试对列表中的元素进行逆序，Vue会以动画的方式将其中的元素移动到正确的位置。

8.4 范例：优化用户列表页面

对于前端网页开发来说，功能实现仅仅是开发产品的第一步，如何给用户以最优的使用体验才是工程师的核心关注点。在本书第7章的实战部分，一起完成了一个用户列表示例页面的开发，页面筛选和搜索功能都比较生硬，通过本章的学习，可以试试为其添加一些动画效果。

首先要实现列表动画效果，需要对定义的组件模板结构做一些改动，示例代码如下：

```
template: `
    <div class="container">
        <div class="content">
            <input type="radio" :value="-1" v-model="sexFilter"/>全部
            <input type="radio" :value="0" v-model="sexFilter"/>男
            <input type="radio" :value="1" v-model="sexFilter"/>女
        </div>
        <div class="content">搜索：<input type="text" v-model="searchKey"/></div>
        <div class="content">
            <div class="tab" width="300px">
                <div>
                <div class="item">姓名</div>
                <div class="item">性别</div>
                </div>
```

```
            <transition-group name="list">
                <div v-for="(data, index) in showDatas" :key="data.name">
                    <div class="item">{{data.name}}</div>
                    <div class="item">{{data.sex == 0 ? '男' : '女'}}</div>
                </div>
            </transition-group>
        </div>
    </div>
</div>
```

对应的，定义CSS样式与动画样式如下：

```
<style>
    .container {
        margin: 50px;
    }
    .content {
        margin: 20px;
    }
    .tab {
        width: 300px;
        position: absolute;
    }
    .item {
        border: gray 1px solid;
        width: 148px;
        text-align: center;
        transition: all 0.8s ease;
        display: inline-block;
    }
    .list-enter-active {
        transition: all 1s ease;
    }
    .list-enter-from,
    .list-leave-to {
        opacity: 0;
    }
    .list-move {
        transition: transform 1s ease;
    }
    .list-leave-active {
        position: absolute;
        transition: all 1s ease;
    }
</style>
```

尝试运行代码，可以看到当对用户列表进行筛选、搜索时，列表的变化已经有了动画过渡效果。

8.5 小结与练习

动画对于网页应用是非常重要的，良好的动画设计可以提升用户的交互体验，并且减少用户的理解成本。通过本章的学习，你对Web动画的使用是否有了新的理解，尝试回答这些问题吧！

练习1：页面应用如何添加动画效果？

温馨提示：需要熟练使用CSS样式动画，当元素的CSS发生变化时，可以为其指定过渡动画效果。当然，也可以使用JavaScript来精准地控制页面元素的渲染效果，通过定时器不停地对组件进行刷新渲染，也可以实现非常复杂的动画效果。

练习2：Vue中如何为组件的过渡添加动画？

温馨提示：Vue中按照一定的命名规则约定了一些特殊的CSS类名，在需要对组件的显示或隐藏添加过渡动画时，可以使用transition组件对其进行嵌套，并实现指定命名的CSS类来定义动画，同样Vue中也支持在列表视图改变时添加动画效果，并且提供了一系列可监听的动画过程函数，为开发者使用JavaScript完全自定义动画提供了支持。

第 9 章

构建工具 Vue CLI 的使用

Vue 本身是一个渐进式的前端 Web 开发框架，其允许我们只在项目中的部分页面中使用 Vue 进行开发，也允许我们仅仅使用 Vue 中的部分功能来进行项目开发，但是如果你的目标是完成一个风格统一、可扩展性强的现代化 Web 单页面应用，那么使用 Vue 提供的一整套完整的流程进行开发是非常适合的。Vue CLI 就是这样一个基于 Vue 进行快速项目开发的工具。

本章将介绍 Vue CLI 工具的安装和使用，以及使用 Vue CLI 创建 Web 工程的基本流程。

通过本章，你将学习到：

- Vue CLI 工具的安装与基本使用。
- Vue CLI 中图形化工具的用法。
- 完整 Vue 工程的结构与开发流程。
- 本地对 Vue 项目进行运行和调试。
- Vue 工程的构建方法。
- 了解 Vite 工具的使用。

9.1 Vue CLI 工具入门

Vue CLI 是一个帮助开发者快速创建和开发 Vue 项目的工具，其核心功能是提供可交互式的项目脚手架和运行时的服务依赖，对于开发者来说，使用其开发和调试 Vue 应用都非常方便。

9.1.1　Vue CLI 的安装

Vue CLI是一个需要全局安装的NPM包，安装Vue CLI的前提是设备已经安装了Node.js环境，如果你使用的是macOS操作系统，则系统默认会安装Node.js环境。如果系统默认没有安装，手动进行安装也非常简单。访问Node.js官网（https://nodejs.org），网页打开后，在页面中间直接可以看到一个Node.js软件下载入口，如图9-1所示。

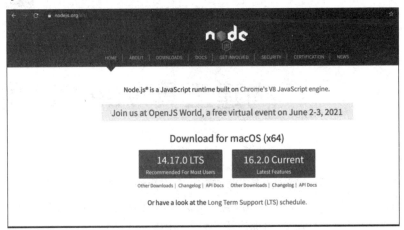

图 9-1　Node.js 官网

Node.js官网会自动根据当前设备的系统类型推荐需要下载的软件，选择当前新的稳定版本进行下载即可。下载完成后，按照安装普通软件的方式来对其进行安装。

安装Node.js环境后，即可在终端使用npm相关指令来安装软件包。在终端输入如下命令可以检查Node.js环境是否正确安装完成：

```
node -v
```

执行上面的命令后，只要终端输出了版本号信息，就表明Node.js已经安装成功。

下面使用npm安装Vue CLI工具。在终端输入如下命令并执行：

```
npm install -g @vue/cli
```

由于有很多依赖包需要下载，因此安装过程可能会持续一段时间，耐心等待即可。需要注意，如果在安装过程中终端输出了如下异常错误信息：

```
Unhandled rejection Error: EACCES: permission denied
```

这是因为当前操作系统登录的用户权限不足，使用如下命令重新安装即可：

```
sudo npm install -g @vue/cli
```

在命令前面添加sudo表示使用超级管理员权限进行命令的执行，执行命令前终端会要求输入设备的启动密码。等待终端安装完成后，可以使用如下命令检查Vue CLI工具是否安装成功：

```
vue --version
```

如果终端正确输出了工具的版本号，则表明已经安装成功。之后，如果官方的Vue CLI工具有升级，在终端使用如下命令即可进行升级：

```
npm update -g @vue/cli
```

9.1.2 快速创建项目

本节将演示使用Vue CLI创建一个完整的Vue项目工程的过程。在终端执行如下命令来创建Vue项目工程：

```
vue create hello-world
```

其中hello-world是我们要创建的工程名称，Vue CLI工具本身是有交互性的，执行上面的命令后，终端会输出如下信息询问我们是否需要替换资源地址：

```
Your connection to the default yarn registry seems to be slow.
Use https://registry.npm.taobao.org for faster installation?
```

输入Y表示同意，之后继续创建工程，之后终端还会询问一系列的配置问题，都选择默认的选项即可。完成所有的初始配置工作后，稍等片刻，Vue CLI即可创建一个Vue项目模板工程。打开此工程目录，可以看到当前工程的目录结构如图9-2所示。

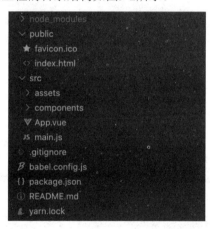

图 9-2　Vue 模板工程的目录结构

一个完整的Vue模板工程相对原生的HTML工程要复杂很多，后面我们会介绍工程中默认生成的文件夹及文件的意义和用法。

至此，我们已经使用Vue CLI工具创建了第一个完整的Vue项目工程，上面是使用终端交互式命令的方式创建工程的，Vue CLI工具也可以使用可交互的图形化页面创建工程。在终端输入如下命令即可在浏览器中打开一个Vue工程管理工具页面：

```
vue ui
```

初始页面如图9-3所示。

可以看到，在页面中可以创建项目、导入项目或对已经有的项目进行管理。现在，我们可以尝试创建一个项目，单击创建项目按钮，之后需要对项目的详情进行完善，如图9-4所示。

在详情设置页面中，需要填写项目的名称，选择项目所在的目录位置，选择项目包管理器以及进行Git等相关配置。完成后，进行下一步选择项目的预设，如图9-5所示。

图 9-3　Vue CLI 图形化工具页面

图 9-4　对所创建的项目详情进行设置

图 9-5　选择项目预设

可以选择Default preset(Vue 3)这套项目预设。之后单击"创建项目"按钮，页面即可进入项目创建过程，需要稍等片刻，创建完成后可以进入对应的目录查看，使用图形化页面创建的项目与使用终端命令创建的项目结构是一样的。

使用命令的方式创建的管理项目与使用图形化页面的方式创建的管理项目的功能是一样的，可以根据自己的习惯来进行选择。总体来说，使用命令的方式更加便捷，而使用图形化页面的方式更加直观。

9.2　Vue CLI 项目模板工程

前面我们使用Vue CLI工具创建了一个完整的Vue项目工程。其实项目工程的创建只是Vue CLI工具链中的一部分，在安装Vue CLI工具时，也同步安装了vue-cli-service工具，其提供了Vue项目的代码检查、编译、服务部署等功能。本节将向读者介绍Vue CLI创建的模板工程的目录结构，并对这个模板工程进行运行。

9.2.1　模板工程的目录结构

通过观察Vue CLI创建的工程目录，可以发现其中主要包含3个文件夹和5个独立文件。我们先来看这5个独立文件：

- .gitignore 文件。
- babel.config.js 文件。
- package.json 文件。
- README.md 文件。
- yarn.lock 文件。

.gitignore是一个隐藏文件，用来配置Git版本管理工具需要忽略的文件或文件夹，在创建工程时，其默认会配置好，将一些依赖、编译产物、log日志等文件忽略，我们不需要修改。

babel.config.js是Babel工具的配置文件，Babel本身是一个JavaScript编译器，其会将ES 6版本的代码转换成向后兼容的JavaScript代码，这个文件我们一般也无须修改。

package.json是一个相对比较重要的文件，其中存储的是一个JSON对象数据，用来配置当前的项目名称、版本号、脚本命令以及模块依赖等。当我们需要向项目中添加额外的依赖时，其就会被记录到这个文件默认的模板工程中，生产环境的依赖如下：

```
"dependencies": {
    "core-js": "^3.6.5",
    "vue": "^3.0.0"
}
```

开发环境的依赖如下：

```
"devDependencies": {
    "@vue/cli-plugin-babel": "~4.5.0",
```

```
    "@vue/cli-plugin-eslint": "~4.5.0",
    "@vue/cli-service": "~4.5.0",
    "@vue/compiler-sfc": "^3.0.0",
    "babel-eslint": "^10.1.0",
    "eslint": "^6.7.2",
    "eslint-plugin-vue": "^7.0.0"
}
```

README.md是一个MarkDown格式的文件，其中记录了项目的编译和调试方式。我们也可以将项目的介绍编写在这个文件中。

最后，yarn.lock文件记录了YARN包管理器安装的依赖版本信息，我们无须关心。

了解了这些独立文件的意义及用法，再来看一下默认生成的3个文件夹：

- node_modules。
- public。
- src。

其中，node_modules文件下存放的是NPM安装的依赖模块，这个文件夹默认会被Git版本管理工具忽略，对于其中的文件，我们也不需要手动添加或修改。

public文件夹正如其命名一样，用来放置一些公有的资源文件，例如网页用到的图标、静态的HTML文件等。

src 是一个重要的文件夹，核心功能代码文件都放在这个文件夹下，在默认的模板工程中，这个文件夹下还有两个子文件夹：assets 和 components。顾名思义，assets 存放资源文件，components 存放组件文件。我们按照页面的加载流程来看一下 src 文件下默认生成的几个文件。

main.js是应用程序的入口文件，其中的代码如下：

```
// 导入vue框架中的createApp方法
import { createApp } from 'vue'
// 导入我们自定义的根组件
import App from './App.vue'
// 挂载根组件
createApp(App).mount('#app')
```

你可能有些疑惑，main.js文件中怎么只有组件创建和挂载的相关逻辑，并没有对应的HTML代码，那么组件是挂载到哪里的呢？其实前面我们已经介绍过了，在public文件夹下会包含一个名为index.html的文件，它就是网页的入口文件，其中的代码如下：

```
<!DOCTYPE html>
<html lang="">
  <head>
    <meta charset="utf-8">
    <meta http-equiv="X-UA-Compatible" content="IE=edge">
    <meta name="viewport" content="width=device-width,initial-scale=1.0">
    <link rel="icon" href="<%= BASE_URL %>favicon.ico">
    <title><%= htmlWebpackPlugin.options.title %></title>
  </head>
  <body>
    <noscript>
      <strong>We're sorry but <%= htmlWebpackPlugin.options.title %> doesn't
```

```
work properly without JavaScript enabled. Please enable it to continue.</strong>
    </noscript>
    <div id="app"></div>
    <!-- built files will be auto injected -->
  </body>
</html>
```

现在你明白了吧,main.js中定义的根组件将被挂载到id为"app"的div标签上。回到main.js文件,其中导入了一个名为App的组件作为根组件,可以看到,项目工程中有一个名为App.vue的文件,这其实使用了Vue中单文件组件的定义方法,即将组件定义在单独的文件中,以便于开发和维护。

App.vue文件中的内容如下:

```
<template>
  <img alt="Vue logo" src="./assets/logo.png">
  <HelloWorld msg="Welcome to Your Vue.js App"/>
</template>
<script>
import HelloWorld from './components/HelloWorld.vue'
export default {
  name: 'App',
  components: {
    HelloWorld
  }
}
</script>
<style>
#app {
  font-family: Avenir, Helvetica, Arial, sans-serif;
  -webkit-font-smoothing: antialiased;
  -moz-osx-font-smoothing: grayscale;
  text-align: center;
  color: #2c3e50;
  margin-top: 60px;
}
</style>
```

单文件组件通常需要定义3部分内容:template模板部分、script脚本代码部分和style样式代码部分。如以上代码所示,在template模板中布局了一个图标和一个自定义的HelloWorld组件,在JavaScript中将当前组件进行了导出。下面我们再来关注一下HelloWorld.vue文件,其中的内容如下:

```
<template>
  <div class="hello">
    <h1>{{ msg }}</h1>
    <p>
      For a guide and recipes on how to configure / customize this project,<br>
      check out the
      <a href="https://cli.vuejs.org" target="_blank" rel="noopener">vue-cli documentation</a>.
    </p>
    <h3>Installed CLI Plugins</h3>
```

```
        <ul>
            <li><a href="https://github.com/vuejs/vue-cli/tree/dev/
packages/%40vue/cli-plugin-babel" target="_blank" rel="noopener">babel</a></li>
            <li><a href="https://github.com/vuejs/vue-cli/tree/dev/
packages/%40vue/cli-plugin-eslint" target="_blank"
rel="noopener">eslint</a></li>
        </ul>
        <h3>Essential Links</h3>
        <ul>
            <li><a href="https://vuejs.org" target="_blank" rel="noopener">Core
Docs</a></li>
            <li><a href="https://forum.vuejs.org" target="_blank"
rel="noopener">Forum</a></li>
            <li><a href="https://chat.vuejs.org" target="_blank"
rel="noopener">Community Chat</a></li>
            <li><a href="https://twitter.com/vuejs" target="_blank"
rel="noopener">Twitter</a></li>
            <li><a href="https://news.vuejs.org" target="_blank"
rel="noopener">News</a></li>
        </ul>
        <h3>Ecosystem</h3>
        <ul>
            <li><a href="https://router.vuejs.org" target="_blank"
rel="noopener">vue-router</a></li>
            <li><a href="https://vuex.vuejs.org" target="_blank"
rel="noopener">vuex</a></li>
            <li><a href="https://github.com/vuejs/vue-devtools#vue-devtools"
target="_blank" rel="noopener">vue-devtools</a></li>
            <li><a href="https://vue-loader.vuejs.org" target="_blank"
rel="noopener">vue-loader</a></li>
            <li><a href="https://github.com/vuejs/awesome-vue" target="_blank"
rel="noopener">awesome-vue</a></li>
        </ul>
    </div>
</template>
<script>
export default {
  name: 'HelloWorld',
  props: {
    msg: String
  }
}
</script>
<!-- Add "scoped" attribute to limit CSS to this component only -->
<style scoped>
h3 {
  margin: 40px 0 0;
}
ul {
  list-style-type: none;
  padding: 0;
```

```
}
li {
  display: inline-block;
  margin: 0 10px;
}
a {
  color: #42b983;
}
</style>
```

HelloWorld.vue文件中的代码很多，总体来看只是定义了很多可跳转元素，并没有太多逻辑。现在我们对默认生成的模板项目已经有了初步的了解，下一节将尝试在本地运行和调试它。

9.2.2 运行 Vue 项目工程

要运行Vue模板项目非常简单，首先打开终端，进入当前Vue项目的工程目录，执行如下命令即可：

```
npm run serve
```

之后，进行Vue项目工程的编译，并在本机启动一个开发服务器，若终端输出如下信息，则表明项目已经运行完成：

```
DONE  Compiled successfully in 3168ms                    7:29:53 PM
  App running at:
  - Local:   http://localhost:8080/
  - Network: http://192.168.26.96:8080/
  Note that the development build is not optimized.
  To create a production build, run yarn build.
```

之后，在浏览器中输入如下地址，便会打开当前的Vue项目页面，如图9-6所示。

```
http://localhost:8080/
```

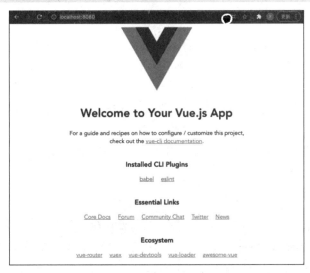

图 9-6　HelloWorld 示例项目

默认情况下，Vue项目要运行在8080端口上。我们也可以手动指定端口，示例如下：

```
npm run serve -- --port 9000
```

当启动了开发服务器后，其默认附带了热重载模块，即我们只需要在修改代码之后进行保存，网页就会自动进行更新。你可以尝试修改App.vue文件中HelloWorld组件的msg参数，之后保存，可以看到浏览器页面中的标题也会自动进行更新。

使用Vue CLI中的图形化页面可以更加方便和直观地对Vue项目进行编译和运行，从CLI图形化网页工具中进入对应的项目，单击页面中的"运行"按钮即可，如图9-7所示。

图9-7　使用图形化工具管理Vue项目

在图形化工具中不仅可以对项目进行编译、运行和调试，还提供了许多分析报表，比如资源体积、运行速度、依赖项等，非常好用。

9.3　在项目中使用依赖

在Vue项目开发中，额外插件的使用必不可少。后面还会给读者介绍各种各样的常用Vue插件，如网络插件、路由插件、状态管理插件等。本节将介绍如何使用Vue CLI工程脚手架来安装和管理插件。

Vue CLI创建的工程使用的是基于插件的架构。通过查看package.json文件，可以发现在开发环境下，其默认安装了需要的工具依赖，主要用来进行代码编译、服务运行和代码检查等。安装依赖包依然使用npm相关命令。例如，如果需要安装vue-axios依赖，可以在项目工程目录下执行如下命令：

```
npm install --save axios vue-axios
```

需要注意，如果安装过程中出现权限问题，则需要在命令前添加sudo再执行。

安装完成后，可以看到package.json文件会自动进行更新，更新后的依赖信息如下：

```
"dependencies": {
    "axios": "^0.21.1",
```

```
    "core-js": "^3.6.5",
    "vue": "^3.0.0",
    "vue-axios": "^3.2.4"
}
```

其实，不止package.json文件会更新，在node_modules文件夹下也会新增axios和vue-axios相关的模块文件。

也可以使用图形化工具进行依赖的管理，在项目管理器的依赖管理板块下，可以查看到当前项目安装的依赖有哪些、版本如何，也可以直接在其中进行插件的安装和卸载，如图9-8所示。

图 9-8　使用图形化工具进行依赖管理

可以尝试在图形化工具中进行组件的卸载，单击页面中的"安装依赖"按钮，可以在所有可用的依赖中进行搜索，选择自己需要的进行安装，如图9-9所示。

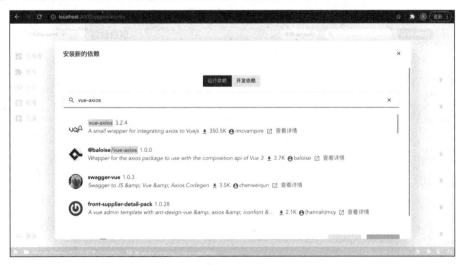

图 9-9　使用图形化工具安装依赖

另外，vue-axios是一个在Vue中用于网络请求的依赖库，后面的章节会专门介绍它。

9.4 工程构建

开发完一个Vue项目后，需要将其构建成可发布的代码产品。Vue CLI提供了对应的工具链来实现这些功能。

在Vue工程目录下执行如下命令，可以直接将项目代码编译构建成生产包：

```
npm run build
```

构建过程可能需要一段时间、构建完成后，在工程的根目录下将会生成一个名为dist的文件夹，这个文件夹就是我们要发布的软件包。可以看到，这个文件夹下包含一个名为index.html的文件，它是项目的入口文件，除此之外，还包含一些静态资源与CSS、JavaScript等相关文件，这些文件中的代码都是被压缩后的。

当然，也可以使用图形化的管理工具来构建工程，如图9-10所示。

图 9-10　使用图形化管理工具构建工程

需要注意，我们不添加任何参数进行构建会按照一些默认的规则进行，例如构建完成后的目标文件将生成在dist文件夹中，默认的构建环境是生产环境（开发环境的依赖不会被添加）。在构建时，也可以对一些构建参数进行配置，以使用图形化工具为例，可配置的参数如图9-11所示。

图 9-11　对构建参数进行配置

9.5 新一代前端构建工具 Vite

现在，你已经了解了Vue CLI的基本使用。Vue CLI是非常优秀的Vue项目构建工具，但它并不是唯一的，如果你追求极致的构建速度，Vite将是一种不错的选择。

9.5.1 Vite 与 Vue CLI 的比较

Vue CLI非常适合大型商业项目的开发，它是构建大型Vue项目不可或缺的工具，Vue CLI主要包括工程脚手架、带热重载模块的开发服务器、插件系统、用户界面等功能。与Vue CLI类似，Vite也是一个提供项目脚手架和开发服务器的构建工具。不同的是，Vite不是基于Webpack的，它有一套自己的开发服务器，并且Vite本身并不像Vue CLI那样功能完善且强大，它只专注于提供基本构建的功能和开发服务器。因此，Vite更加小巧迅捷，其开发服务器比基于Webpack的开发服务器快10倍左右，这对开发者来说太重要了，开发服务器的响应速度会直接影响开发者的编程体验和开发效率。对于非常大型的项目来说，可能会有成千上万个JavaScript模块，这时构建效率的速度差异就会非常明显。

虽然Vite在"速度"上无疑比Vue CLI快很多，但其没有用户界面，也没有提供插件管理系统，对于初学者来说并不友好。在实际项目开发中，到底是要使用Vue CLI还是使用Vite并没有一定的标准，读者可以按需选择。

9.5.2 体验 Vite 构建工具

在创建基于Vite脚手架的Vue项目前，首先要确保我们所使用的Node.js版本大于12.0.0。在终端执行如下指令可以查看当前使用的Node.js的版本：

```
node -v
```

如果终端输出的Node.js版本号并不大于12.0.0，则有两种处理方式，一种是直接从Node.js的官网下载新的Node.js软件，安装新版本即可，官网地址如下：

```
http://nodejs.cn/
```

另一种方式是使用NVM来管理Node.js的版本，NVM可以在安装的多个版本的Node.js间任意选择需要使用的，非常方便。关于NVM和Node.js的安装不是本节的重点，这里不再赘述。

确认当前使用的Node.js版本符合要求后，在终端执行如下指令来创建Vue项目工程：

```
npm init @vitejs/app
```

之后需要一步一步渐进式地来选择一些配置项。首先需要输入工程名和包名，例如可以取名为viteDemo，之后选择要使用的框架，Vite不止支持构建Vue项目，也支持构建基于React等框架的项目，这里选择Vue即可。

项目创建完成后，可以看到生成的工程目录结构如图9-12所示。

图 9-12　Vite 创建的 Vue 项目工程

从目录结构上看，Vite创建的工程与Vue CLI创建的工程十分类似，其中差别在于package.json文件，Vite工程中的代码如下：

```
{
"name": "vitedemo",
"version": "0.0.0",
"scripts": {
"dev": "vite",
"build": "vite build",
"serve": "vite preview"
},
"dependencies": {
"vue": "^3.2.6"
},
"devDependencies": {
"@vitejs/plugin-vue": "^1.6.1",
"@vue/compiler-sfc": "^3.2.6",
"vite": "^2.5.4"
}
}
```

在工程目录下执行npm run dev（第一次执行前别忘记先执行npm install指令安装依赖）即可开启开发服务器，执行npm run build即可进行打包操作。此模板工程的运行效果如图9-13所示。

无论选择使用Vue CLI构建工具还是Vite构建工具都没有关系，本书后面介绍的内容都只专注于Vue框架本身的使用，使用任何构建工具都可以完成。

图 9-13　Vite 创建的 Vue 项目模板工程

9.6　小结与练习

在日常开发中，大多数Vue项目都会采用Vue CLI工具来进行创建、开发、打包发布。其流程化的工具链可以大大减少开发者项目搭建和管理的负担。

练习：请思考一下Vue CLI是怎样的一个开发工具，如何使用。

温馨提示：Vue CLI是一个基于Vue.js进行快速开发的完整系统，其提供了一套可交互式的项目脚手架，无论是项目开发过程中的环境配置、插件和依赖管理，还是工程的构建打包与部署，使用Vue CLI工具都可以极大地简化开发者需要做的工作。Vue CLI也提供了一套完全图形化的管理工具，开发者使用起来更加方便直观。另外，其还配套了一个vue-cli-service服务，可以帮助开发者方便地在开发环境中运行工程。

第10章

基于 Vue 3 的 UI 组件库——Element Plus

通过前面章节的学习，我们对 Vue 框架本身的知识有了全面的掌握，但在实际开发中，更多时候需要结合各种基于 Vue 框架开发的等三方模块来完成项目。以直接的 UI 展现为例，通过使用基于 Vue 的组件库，可以快速地搭建功能强大、样式美观的页面。本章将介绍一款名为 Element Plus 的前端 UI 框架，其本身是基于 Vue 的 UI 框架，在 Vue 项目中，我们可以完全兼容地使用。

Element Plus 框架是 Vue 开发中非常流行的一款 UI 组件库，其可以带给用户全网一致的使用体验、目的清晰的控制反馈等。对于开发者来说，由于 Element Plus 内置了非常丰富的样式与布局框架，使用它可大大降低开发者页面开发的成本。

通过本章，你将学习到：

- 结合 Element Plus 框架进行 Vue 项目的快速页面开发。
- 基础的 Element Plus 独立组件的应用。
- Element Plus 中布局与容器组件的应用。
- Element Plus 中表单与相关输入组件的应用。
- Element Plus 中列表与导航相关组件的应用。

10.1 Element Plus 入门

Element Plus 可以直接使用 CDN 的方式进行引入，单独地使用其提供的组件和样式，这与渐进式风格的 Vue 框架十分类似；同样，也可以使用 NPM 在 Vue CLI 创建的模板工程中依赖 Element Plus 框架进行使用。本节将介绍 Element Plus 这两种使用方式，并通过一些简单的组件介绍 Element Plus

的基本使用方法。

10.1.1 Element Plus 的安装与使用

Element Plus支持使用CDN的方式进行引入，如果我们在开发简单的静态页面时使用CDN的方式引入Vue框架，那么也可以使用同样的方式来引入Element Plus框架。

新建一个名为element.html的测试文件，在其中编写如下示例代码：

```html
<!DOCTYPE html>
<html lang="en">
<head>
    <meta charset="UTF-8">
    <meta http-equiv="X-UA-Compatible" content="IE=edge">
    <meta name="viewport" content="width=device-width, initial-scale=1.0">
    <title>ElementUI</title>
    <!-- 引入Vue -->
    <script src="https://unpkg.com/vue@next"></script>
</head>
<body>
    <div id="Application" style="text-align: center;">
        <h1>这里是模板的内容:{{count}}次点击</h1>
        <button v-on:click="clickButton">按钮</button>
    </div>
    <script>
        const App = {
            data() {
                return {
                    count:0,
                }
            },
            methods: {
                clickButton() {
                    this.count = this.count + 1
                }
            }
        }
        Vue.createApp(App).mount("#Application")
    </script>
</body>
</html>
```

相信对于上面的示例代码你一定非常熟悉，在学习Vue的基础知识时，经常会使用上面的计数器示例。运行上面的代码，页面上显示的标题和按钮都是原生的HTML元素，样式并不怎么漂亮。下面我们来尝试为其添加上Element Plus的样式。

首先，在head标签中引入Element Plus框架，代码如下：

```html
<!-- 引入样式 -->
<link rel="stylesheet"
```

```
href="https://unpkg.com/element-plus/lib/theme-chalk/index.css">
    <!-- 引入组件库 -->
    <script src="https://unpkg.com/element-plus/lib/index.full.js"></script>
```

之后，需要在JavaScript代码中对创建的应用实例做一些修改，使其挂载Element Plus相关的功能，代码如下：

```
let instance = Vue.createApp(App)
instance.use(ElementPlus)
instance.mount("#Application")
```

调用Vue的createApp方法后返回创建的应用实例，调用此实例的use方法来加载ElementPlus模块，之后就可以在HTML模板中直接使用Element Plus中内置的组件，修改HTML代码如下：

```
<div id="Application" style="text-align: center;">
    <div style="margin: 40px;"><el-tag>这里是模板的内容:{{count}}次点击
</el-tag></div>
    <div><el-button v-on:click="clickButton">按钮</el-button></div>
</div>
```

el-tag与el-button是Element Plus中提供的标签组件与按钮组件。运行代码，页面效果如图10-1所示。可以看到组件美观了很多。

图10-1　Element Plus 组件示例

上面演示了在单文件中使用Element Plus框架，在完整的Vue工程中使用也非常方便。直接在创建好的Vue工程目录下执行如下命令即可：

```
npm install element-plus --save
```

需要注意，如果有权限问题，在上面的命令前添加sudo即可。执行完成后，可以看到工程下的package.json文件中指定依赖的部分已经被添加了Element Plus框架：

```
"dependencies": {
    "core-js": "^3.6.5",
    "element-plus": "^1.0.2-beta.46",
    "vue": "^3.0.0"
}
```

之后，我们可以尝试修改工程中的HelloWorld.vue，在其中使用Element Plus内置的组件，修改

HelloWorld.vue文件中的template模板如下：

```
<template>
  <div class="hello">
    <h1>{{ msg }}</h1>
      <el-empty description="空空如也~~~"></el-empty>
  </div>
</template>
```

其中，el-empty组件是一个空态页组件，用来展示无数据时的页面占位图。运行项目，效果如图10-2所示。

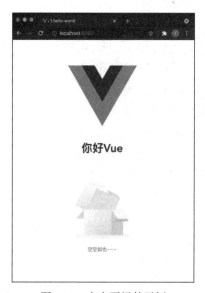

图 10-2 空态页组件示例

10.1.2 按钮组件

Element Plus中提供了el-button组件来创建按钮，el-button组件中提供了很多属性来对按钮的样式进行定制。可用属性列举如表10-1所示。

表 10-1 el-button 组件中的可用属性

属　性	意　义	值
size	设置按钮尺寸	medium：中等尺寸 small：小尺寸 mini：微小尺寸
type	按钮类型，设置不同的类型会默认配置配套的按钮风格	primary：常规风格 success：成功风格 warning：警告风格 danger：危险风格 info：详情风格 text：文本风格

（续表）

属 性	意 义	值
plain	是否采用描边风格的按钮	布尔值
round	是不是圆角按钮	布尔值
circle	是不是圆形按钮	布尔值
loading	是不是加载中按钮（附带一个loading指示器）	布尔值
disabled	是不是禁用状态	布尔值
autofocus	是否自动聚焦	布尔值
icon	设置图标名称	图标名字符串

下面通过代码来实操一下上面列举的属性的用法。

size属性枚举了3种按钮的尺寸，加上默认的尺寸，一共有4种可用。可以根据不同的场景为按钮选择合适的尺寸，各种尺寸按钮代码示例如下：

```
<el-button>默认按钮</el-button>
<el-button size="medium">中等按钮</el-button>
<el-button size="small">小型按钮</el-button>
<el-button size="mini">超小按钮</el-button>
```

渲染效果如图10-3所示。

图10-3　不同尺寸的按钮组件

type属性主要控制按钮的风格，el-button组件默认提供了一组风格可供开发者选择，不同的风格适用于不同的业务场景，例如danger风格通常用来提示用户这个按钮的单击是一个相对危险的操作。示例代码如下：

```
<el-button type="primary">常规按钮</el-button>
<el-button type="success">成功按钮</el-button>
<el-button type="info">信息按钮</el-button>
<el-button type="warning">警告按钮</el-button>
<el-button type="danger">危险按钮</el-button>
```

效果如图10-4所示。

图10-4　各种风格的按钮示例

plain属性控制按钮是填充风格的还是描边风格的，round属性控制按钮是不是圆角的，circle属性设置是不是圆形按钮，loading属性设置当前按钮是不是加载态的，disable属性设置按钮是不是禁用的，示例代码如下：

```
<el-button type="primary" :plain="true">描边</el-button>
<el-button type="primary" :round="true">圆角</el-button>
<el-button type="primary" :circle="true">圆形</el-button>
<el-button type="primary" :disable="true">禁用</el-button>
<el-button type="primary" :loading="true">加载</el-button>
```

效果如图10-5所示。

图 10-5　按钮的各种配置属性

Element Plus框架中默认提供了很多内置图标可以直接使用，在使用el-button按钮组件时，也可以通过设置其icon属性来使用图标按钮，示例如下：

```
<el-button type="primary" icon="el-icon-share"></el-button>
<el-button type="primary" icon="el-icon-delete"></el-button>
<el-button type="primary" icon="el-icon-search">图标在前</el-button>
<el-button type="primary">图标在后<i class="el-icon-upload el-icon--right"></i></el-button>
```

效果如图10-6所示。

图 10-6　带图标的按钮

10.1.3　标签组件

从展示样式上看，Element Plus中的标签组件与按钮组件非常相似。Element Plus中使用el-tag组件来创建标签，其中可用属性列举如表10-2所示。

表 10-2　el-tag 组件的可用属性

属　性	意　义	值
type	设置标签类型	success：成功风格 info：详情风格 warning：警告风格 danger：危险风格

(续表)

属　性	意　义	值
size	标签的尺寸	medium：中等尺寸 small：小尺寸 mini：超小尺寸
hit	是否描边	布尔值
color	标签的背景色	字符串
effect	主题	dark：暗黑主题 light：明亮主题 plain：通用主题
closable	标签是否可关闭	布尔值
disable-transitions	使用禁用渐变动画	布尔值
click	单击标签的触发事件	函数
close	单击标签上的关闭按钮的触发事件	函数

el-tag组件的type属性和size属性的用法与el-button组件相同，这里不再赘述；hit属性用来设置标签是否带描边；color属性用来定制标签的背景颜色。示例代码如下：

```
<el-tag>普通标签</el-tag>
<el-tag :hit="true">描边标签</el-tag>
<el-tag color="purple">紫色背景标签</el-tag>
```

效果如图10-7所示。

图10-7　标签组件示例

closable属性用来控制标签是不是可关闭的，通过设置这个属性，标签组件会自带删除按钮，在许多实际的业务场景中，我们都需要灵活地进行标签的添加和删除，示例代码如下：

```
<template>
<div>
  <template v-for="(tag,index) in tags" :key="tag">
    <el-tag :closable="true" @close="closeTag(index)">{{tag}}</el-tag>
    <span style="padding:10px"></span>
  </template>
  <el-input style="width: 90px"
        v-if="show"
        v-model="inputValue"
        @keyup.enter="handleInputConfirm"
        @blur="handleInputConfirm"
        size="small">
  </el-input>
  <el-button size="small" v-else @click="showInput">新建标签 +</el-button>
</div>
</template>
```

```
<script>
export default {
  data() {
    return {
      tags:["男装","女装","帽子","鞋子"],
      show:false,
      inputValue:""
    }
  },
  methods:{
    closeTag(index) {
      this.tags.splice(index, 1);
    },
    showInput() {
      this.show = true
    },
    handleInputConfirm(){
      let inputValue = this.inputValue;
      if (inputValue) {
        this.tags.push(inputValue);
      }
      this.show = false;
      this.inputValue = '';
    }
  }
}
</script>
```

运行上面的代码,效果如图10-8所示。

图 10-8 动态编辑标签示例

当单击标签上的关闭按钮时,对应的标签会被删除,当单击新建标签时,当前位置会展示出一个输入框,el-input是Element Plus中提供的输入框组件。

关于标签组件,Element Plus中还提供了一种类似复选框的标签组件el-check-tag,这个组件的使用非常简单,只需要设置其checked属性来控制其是否选中即可,示例如下:

```
<el-check-tag :checked="true">足球</el-check-tag>
<el-check-tag :checked="false">篮球</el-check-tag>
```

效果如图10-9所示。

图 10-9 el-check-tag 组件示例

10.1.4 空态图与加载占位图组件

当页面没有数据或者页面正在加载数据时，通常需要一个空态图或占位图来提示用户。针对这两种场景，Element Plus中分别提供了el-empty与el-skeleton组件。

el-empty用来定义空态图组件，当页面没有数据时，可以使用这个组件来进行占位提示。el-empty组件中的可用属性列举如表10-3所示。

表 10-3 el-empty 组件的可用属性

属 性	意 义	值
image	设置空态图所展示的图片，若不设置则为默认图	字符串
image-size	设置图片展示的大小	数值
description	设置描述文本	字符串

用法示例如下：

```
<el-empty description="设置空态图的描述文案" :image-size="400"></el-empty>
```

页面渲染效果如图10-10所示。

图 10-10 空态图组件的渲染样式

el-empty组件还提供了许多插槽，使用这些插槽可以更加灵活地定制出所需的空态图样式。示例代码如下：

```
<el-empty>
  <!-- image具名插槽用来替换默认的图片部分 -->
  <template v-slot:image>
    <div>这里是自定义图片位置</div>
  </template>
  <!-- description具名插槽用来替换默认的描述部分 -->
  <template v-slot:description>
    <h3>自定义描述内容</h3>
  </template>
  <!-- 默认的插槽用来在空态图的尾部追加内容 -->
```

```
    <el-button>看看其他内容</el-button>
</el-empty>
```

如以上代码所示,el-empty组件内实际上定义了3个插槽,默认的插槽可以向空态图组件的尾部追加元素,image具名插槽用来完全自定义组件的图片部分,description具名插槽用来完全自定义组件的描述部分。

在Element Plus中,数据加载的过程可以使用骨架屏来占位。使用骨架屏往往比单纯地使用一个加载动画的用户体验要好很多。el-skeleton组件中常用的属性列举如表10-4所示。

表10-4 el-skeleton 组件的常用属性

属性	意义	值
animated	是否使用动画	布尔值
count	渲染多少个骨架模板	数值
loading	是否展示真实的元素	布尔值
rows	骨架屏额外渲染的行数	整数
throttle	防抖属性,设置延迟渲染的时间	整数,单位为毫秒

示例代码如下:

```
<el-skeleton :rows="10" :animated="true"></el-skeleton>
```

页面效果如图10-11所示。

图10-11 骨架屏渲染效果

需要注意,rows属性设置的行数是骨架屏中额外渲染的行数,在实际的页面展示效果中,渲染的行数比这个参数设置的数值多1。配置animated参数为true时,可以使骨架屏展示成闪动的效果,加载过程更加逼真。

我们也可以完全自定义骨架屏的样式,使用template具名插槽即可。方便的是,Element Plus中还提供了el-skeleton-item组件,这个组件通过设置不同的样式可以非常灵活地定制出与实际要渲染的元素相似的骨架屏,示例代码如下:

```
<el-skeleton :animated="true">
    <template #template>
```

```
      <!-- 定义标题骨架 -->
      <el-skeleton-item variant="h1" style="width: 100px; height: 30px; padding:0"/>
      <!-- 定义图片骨架 -->
      <el-skeleton-item variant="image" style="width: 240px; height: 240px; padding:0" />
      <!-- 定义段落骨架 -->
      <el-skeleton-item variant="p" style="width: 30%; padding:0; margin-top:20px"/>
      <el-skeleton-item variant="p" style="width: 90%; padding:0"/>
      <el-skeleton-item variant="p" style="width: 90%; padding:0"/>
    </template>
</el-skeleton>
```

渲染效果如图10-12所示。

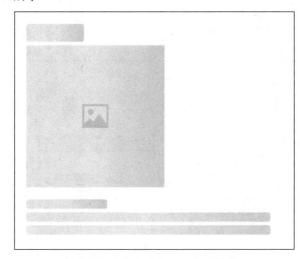

图 10-12 自定义骨架屏布局样式

el-skeleton组件中默认的插槽用来渲染真正的页面元素,通过组件的loading属性控制展示加载中的占位元素还是真正的功能元素。例如,可以使用一个延时函数来模拟请求数据的过程,示例代码如下:

HTML模板代码:

```
<el-skeleton :rows="1" :animated="true" :loading="loading">
    <h1>这里是真实的页面元素</h1>
    <p>{{msg}}</p>
</el-skeleton>
```

JavaScript逻辑代码:

```
export default {
  data() {
    return {
      msg:"",
      loading:true
    }
```

```
    },
    // 模拟页面加载3秒后请求到数据
    mounted(){
      setTimeout(this.getData, 3000);
    },
    methods:{
      getData() {
        this.msg = "这里是请求到的数据"
        this.loading = false
      }
    }
}
```

最后需要注意，throttle属性是el-skeleton组件提供的一个防抖属性，如果设置了这个属性，其骨架屏的渲染会被延迟，这在实际开发中非常有用。很多时候数据请求是非常快的，这样在页面加载时会出现骨架屏一闪而过的抖动现象，有了防抖处理，当数据的加载速度很快时，可以极大地提高用户体验。

10.1.5 图片与头像组件

针对加载图片的元素，Element Plus中提供了el-image组件，相比原生的image标签，这个组件封装了一些加载过程的回调以及处理相关占位图的插槽。常用属性列举如表10-5所示。

表10-5 el-image 组件的常用属性

属 性	意 义	值
fit	设置图片的适应方式	fill：拉伸充满 contain：缩放到完整展示 cover：简单覆盖 none：不做任何拉伸处理 scale-down：缩放处理
hide-on-click-modal	开启预览功能时，是否可以通过单击遮罩来关闭预览	布尔值
lazy	是否开启懒加载	布尔值
preview-src-list	设置图片预览功能	数组
src	图片资源地址	字符串
load	图片加载成功后的回调	函数
error	图片加载失败后的回调	函数

示例代码如下：

```
<el-image style="width:500px" src="http://huishao.cc/img/head-img.png"></el-image>
```

el-image组件本身的使用比较简单，更多时候使用el-image组件是为了方便地添加图片加载中或加载失败时的占位元素，使用placeholder插槽来设置加载中的占位内容，使用error插槽来设置加载失败的占位内容，示例如下：

```
<el-image style="width:500px" src="http://huishao.cc/img/head-img.png">
  <template #placeholder>
    <h1>加载中...</h1>
  </template>
  <template #error>
    <h1>加载失败</h1>
  </template>
</el-image>
```

el-avatar组件是Element Plus中提供的一个更加面向应用的图片组件，其专门用于展示头像类的元素，示例代码如下：

```
<!-- 使用文本类型的头像 -->
<el-avatar style="margin:20px">用户</el-avatar>
<!-- 使用图标类型的头像 -->
<el-avatar style="margin:20px" icon="el-icon-user-solid"></el-avatar>
<!-- 使用图片类型的头像 -->
<el-avatar style="margin:20px" :size="100" src="http://huishao.cc/img/avatar.jpg"></el-avatar>
<el-avatar style="margin:20px" src="http://huishao.cc/img/avatar.jpg"></el-avatar>
<el-avatar style="margin:20px" shape="square" src="http://huishao.cc/img/avatar.jpg"></el-avatar>
```

el-avatar组件支持使用文本、图标和图片来进行头像的渲染，同时可以设置shape属性来定义头像的形状，支持圆形和方形。上面示例代码的运行效果如图10-13所示。

图10-13 头像组件效果示例

同样，对于el-avatar组件，我们也可以使用默认插槽来完全自定义头像内容。在Element Plus框架中，大部分组件都非常灵活，除了其默认提供的一套样式外，也支持开发者对其进行定制。

10.2 表单类组件

表单类组件一般只可以进行用户交互，可以根据用户的操作而改变页面逻辑的相关组件。Element Plus中对常用的交互组件都有封装，例如单选框、多选框、选择列表、开关等。

10.2.1 单选框与复选框

在Element Plus中，使用el-radio组件来定义单选框，其支持多种样式，使用起来非常简单。el-radio的常规用法示例如下：

```
<el-radio v-model="radio" label="0">男</el-radio>
<el-radio v-model="radio" label="1">女</el-radio>
```

同属一组的单选框其v-model需要绑定到相同的组件属性上，当选中某个选项时，属性对应的值为单选框label所设置的值，效果如图10-14所示。

图10-14　单选框组件示例

当选项比较多时，我们也可以直接使用el-radio-group组件来进行包装，之后只需要对el-radio-group组件进行数据绑定即可，示例如下：

```
<el-radio-group v-model="radio">
  <el-radio label="1">选项1</el-radio>
  <el-radio label="2">选项2</el-radio>
  <el-radio label="3">选项3</el-radio>
  <el-radio label="4">选项4</el-radio>
</el-radio-group>
```

除了el-radio可以创建单选框外，Element Plus中还提供了el-radio-button组件来创建按钮样式的单选组件，示例如下：

```
<el-radio-group v-model="city">
  <el-radio-button label="1">北京</el-radio-button>
  <el-radio-button label="2">上海</el-radio-button>
  <el-radio-button label="3">广州</el-radio-button>
  <el-radio-button label="4">深圳</el-radio-button>
</el-radio-group>
```

效果如图10-15所示。

图10-15　按钮样式的单选组件

el-radio组件的常用属性列举如表10-6所示。

表 10-6　el-radio 组件的常用属性

属性	意义	值
disabled	是否禁用	布尔值
border	是否显示描边	布尔值
change	选择内容发生变化时的触发事件	函数

el-radio-group组件的常用属性列举如表10-7所示。.

表 10-7　el-radio-group 组件的常用属性

属性	意义	值
disabled	是否禁用	布尔值
test-color	设置按钮样式的选择组件的文本颜色	字符串
fill	设置按钮样式的选择组件的填充颜色	字符串
change	设置选择内容发生变化时的触发事件	函数

复选框组件使用el-checkbox创建，其用法与单选框类似，基础的用法示例如下：

```
<el-checkbox label="1" v-model="checkBox">A</el-checkbox>
<el-checkbox label="2" v-model="checkBox">B</el-checkbox>
<el-checkbox label="3" v-model="checkBox">C</el-checkbox>
<el-checkbox label="4" v-model="checkBox">D</el-checkbox>
```

渲染效果如图10-16所示。

图 10-16　复选框组件示例

与单选框类似，一组复选框也可以使用el-checkbox-group组件进行包装，并且可以通过设置min和max属性来设置最少/最多可以选择多少个选项，示例如下：

```
<el-checkbox-group v-model="checkBox" :min="1" :max="3">
    <el-checkbox label="1">A</el-checkbox>
    <el-checkbox label="2">B</el-checkbox>
    <el-checkbox label="3">C</el-checkbox>
    <el-checkbox label="4">D</el-checkbox>
</el-checkbox-group>
```

Element Plus中也提供了el-checkbox-button组件用来创建按钮样式的复选框，其用法与单选框类似，我们可以通过编写实际代码来测试与学习其用法，这里不再赘述。

10.2.2　标准输入框组件

在Element Plus框架中，输入框是一种非常复杂的UI组件，el-input组件提供了非常多的属性供开发者进行定制。输入框一般用来展示用户的输入内容，可以使用v-model来对其进行数据绑定，el-input组件的常用属性列举如表10-8所示。

表10-8 el-input 组件的常用属性

属 性	意 义	值
type	输入框的类型	text：文本框 textarea：文本区域
maxlength	设置最大文本长度	数值
minlength	设置最小文本长度	数值
show-word-limit	是否显示输入字数统计	布尔值
placeholder	输入框默认的提示文本	字符串
clearable	是否展示清空按钮	布尔值
show-password	是否展示密码保护按钮	布尔值
disabled	是否禁用此输入框	布尔值
size	设置尺寸	medium：中等尺寸 small：小尺寸 mini：mini 尺寸
prefix-icon	输入框前缀图标	字符串
suffix-icon	输入框尾部图标	字符串
autosize	是否自适应内容高度	当设置为布尔值时，是否自动适应 当设置为如下格式对象时： minRows：控制展示的最小行数 maxRows：控制展示的最大行数
autocomplete	是否自动补全	布尔值
resize	设置能否被用户拖曳缩放	none：进行缩放 both：支持水平和竖直方向缩放 horizontal：支持水平缩放 vertical：支持竖直方向缩放
autofocus	是否自动获取焦点	布尔值
label	输入框关联的标签文案	字符串
blur	输入框失去焦点时触发	函数
focus	输入框获取焦点时触发	函数
change	输入框失去焦点或用户按下回车键时触发	函数
input	在输入的值发生变化时触发	函数
clear	在用户单击输入框的清空按钮后触发	函数

输入框的基础使用方法示例如下：

```
<el-input v-model="value"
placeholder="请输入内容"
:disabled="false"
:show-password="true"
:clearable="true"
prefix-icon="el-icon-search"
```

```
type="text"></el-input>
```

代码运行效果如图10-17所示。

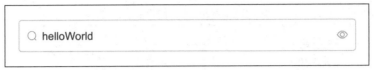

图 10-17　输入框样式示例

el-input组件内部也封装了许多有用的插槽，使用插槽可以为输入框定制前置内容、后置内容或者图标。插槽名称列举如表10-9所示。

表 10-9　el-input 组件内部封装的插槽

名　　称	说　　明
prefix	输入框头部内容，一般为图标
suffix	输入框尾部内容，一般为图标
prepend	输入框前置内容
append	输入框后置内容

前置内容和后置内容在有些场景下非常实用，示例代码如下：

```
<el-input v-model="value" type="text">
  <template #prepend>Http://</template>
  <template #append>.com</template>
</el-input>
```

效果如图10-18所示。

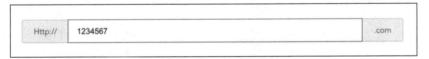

图 10-18　为输入框增加前置和后置内容

10.2.3　带推荐列表的输入框组件

你一定遇到过这样一种场景，当激活了某个输入框时，其会自动弹出推荐列表供用户进行选择。在Element Plus框架中提供了el-autocomplete组件来支持这种场景。el-autocomplete组件的常用属性列举如表10-10所示。

表 10-10　el-autocomplete 组件的常用属性

属　　性	意　　义	值
placeholder	输入框的占位文本	字符串
disabled	设置是否禁用	布尔值
debounce	获取输入建议的防抖动延迟	数值，单位为毫秒

(续表)

属性	意义	值
placement	弹出建议菜单的位置	top top-start top-end bottom bottom-start bottom-end
fetch-suggestions	当需要从网络请求建议数据时，设置此函数	函数类型为 Function(queryString, callback)，当拿到建议数据后，使用 callback 参数进行返回
trigger-on-focus	是否在输入框获取焦点时自动显示建议列表	布尔值
prefix-icon	头部图标	字符串
suffix-icon	尾部图标	字符串
hide-loading	是否隐藏加载时的 loading 图标	布尔值
highlight-first-item	是否对建议列表中的第一项进行高亮处理	布尔值
value-key	建议列表中用来展示的对象键名	字符串，默认为 value
select	单击选中建议项时触发	函数
change	输入框中的值发生变化时触发	函数

示例代码如下：

```
<el-autocomplete v-model="value"
    :fetch-suggestions="queryData"
    placeholder="请输入内容"
    @select="selected"
    :highlight-first-item="true"
></el-autocomplete>
```

对应的JavaScript逻辑代码如下：

```
export default {
  data() {
    return {
      inputValue:"",
    }
  },
  methods:{
    queryData(queryString, callback) {
      let array = []
      if (queryString.length > 0) {
        array.push({value:queryString})
      }
      array.push(...[{value:"衣服"},{value:"裤子"},{value:"帽子"},{value:"鞋子"}])
```

```
      callback(array)
    },
    selected(obj) {
      alert(obj.value)
    }
  }
}
```

运行代码，效果如图10-19所示。

图 10-19　提供建议列表的输入框

需要注意，如以上代码所示，在queryData函数中调用callback回调时需要传递一组数据，此数组中的数据都是JavaScript对象，在渲染列表时，默认会取对象的value属性的值作为列表中渲染的值。也可以自定义这个要取的键名，配置组件的value-key属性即可。

el-input组件支持的属性和插槽，el-autocomplete组件也是支持的，可以通过prefix、suffix、prepend和append这些插槽来对el-autocomplete组件中的输入框进行定制。

10.2.4　数字输入框

数字输入框专门用来输入数值，我们在电商网站购物时，经常会遇到此类输入框，例如商品数量的选择、商品尺寸的选择等。Element Plus中使用el-input-number来创建数字输入框，其常用属性列举如表10-11所示。

表 10-11　el-input-number 组件的常用属性

属　性	意　义	值
min	设置允许输入的最小值	数值
max	设置允许输入的最大值	数值
step	设置步长	数值
step-strictly	设置是否只能输入步长倍数的值	布尔值
precision	数值精度	数值

(续表)

属　性	意　义	值
size	计数器尺寸	large medium small mini
disabled	是否禁用输入框	布尔值
controls	是否使用控制按钮	布尔值
controls-position	设置控制按钮的位置	right
placeholder	设置输入框的默认提示文案	字符串
change	输入框的值发生变化时触发	函数
blur	输入框失去焦点时触发	函数
focus	输入框获得焦点时触发	函数

一个简单的数字输入框示例如下：

```
<el-input-number :min="1" :max="10" :step="1"
v-model="num"></el-input-number>
```

效果如图10-20所示。

图 10-20　数字输入框示例

10.2.5　选择列表

选择列表组件是一种常用的用户交互元素，其可以提供一组选项供用户进行选择，可以单选，也可以多选。Element Plus中使用el-select来创建选择列表组件，el-select组件的功能非常丰富，常用属性列举如表10-12所示。

表 10-12　el-select 组件的常用属性

属　性	意　义	值
multiple	是否支持多选	布尔值
disabled	是否禁用	布尔值
size	输入框尺寸	medium small mini
clearable	是否可清空选项	布尔值
collapse-tags	多选时，是否将选中的值以文字的形式展示	布尔值
multiple-limit	设置多选时最多可选择的项目数	数值，若设置为 0 则不限制
placeholder	输入框的占位文案	字符串

(续表)

属 性	意 义	值
filterable	是否支持搜索	布尔值
allow-create	是否允许用户创建新的条目	布尔值
filter-method	搜索方法	函数
remote	是否为远程搜索	布尔值
remote-method	远程搜索方法	函数
loading	是否正在从远程获取数据	布尔值
loading-text	数据加载时需要	字符串
no-match-text	当没有能搜索到的结果时显示的文字	字符串
no-data-text	选项为空时显示的文字	字符串
automatic-dropdown	对于不支持搜索的选择框，是否获取焦点	布尔值
clear-icon	自定义清空图标	字符串
change	选中值发生变化时触发的事件	函数
visible-change	下拉框出现/隐藏时触发的事件	函数
remove-tag	多选模式下，移除标签时触发的事件	函数
clear	用户单击清空按钮后触发的事件	函数
blur	选择框失去焦点时触发的事件	函数
focus	选择框获取焦点时触发的事件	函数

示例代码如下：

```html
<el-select :multiple="true" :clearable="true" v-model="value">
  <el-option v-for="item in options"
    :value="item.value"
    :label="item.label"
    :key="item.value">
  </el-option>
</el-select>
```

对应的JavaScript代码如下：

```javascript
export default {
  data() {
    return {
      value:"",
      options:[{
          value: '选项1',
          label: '足球'
        }, {
          value: '选项2',
          label: '篮球',
          disabled: true
        }, {
          value: '选项3',
          label: '排球'
        }, {
```

```
        value: '选项4',
        label: '乒乓球'
      }, {
        value: '选项5',
        label: '排球'
      }]
    }
  }
}
```

代码运行效果如图10-21所示。

图 10-21　选择列表组件示例

如以上代码所示，选择列表组件中选项的定义是通过el-option组件来完成的，此组件的可配置属性有value、label和disabled。其中value通常设置为选项的值，label设置为选项的文案，disabled控制选项是否禁用。

选择列表也支持进行分组，可以将同类的选项进行归并，示例如下：

```
<el-select :multiple="true" :clearable="true" v-model="value">
  <el-option-group v-for="group in options"
   :key="group.label"
   :label="group.label">
    <el-option v-for="item in group.options"
     :value="item.value"
     :label="item.label"
     :key="item.value">
    </el-option>
  </el-option-group>
</el-select>
```

对应渲染组件的数据结构如下：

```
options:[{
  label:"球类",
  options:[{
    value: '选项1',
    label: '足球'
  }, {
    value: '选项2',
```

```
        label: '篮球',
        disabled: true
    }, {
        value: '选项3',
        label: '排球'
    }, {
        value: '选项4',
        label: '乒乓球'
    }]
},{
    label:"休闲",
    options:[{
        value: '选项5',
        label: '散步'
    }, {
        value: '选项6',
        label: '游泳',
    }]
}]
```

代码运行效果如图10-22所示。

图10-22 对选择列表进行分组

关于选择列表组件的搜索相关功能,这里就不再演示,在实际使用时只需要实现对应的搜索函数来返回搜索的结果列表即可。

10.2.6 多级列表组件

el-select组件创建的选择列表都是单列的,在很多实际的应用场景中,需要使用多级的选择列表,在Element Plus框架中,由el-cascader组件来提供支持。

当数据集成有清晰的层级结构时,可以通过el-cascader组件来让用户逐级查看和选择选项。el-cascader组件的使用很简单,常用属性列举如表10-13所示。

表 10-13　el-cascader 组件的常用属性

属　性	意　义	值
options	可选项的数据源	数组
props	配置对象，后面会介绍如何配置	对象
size	设置尺寸	medium small mini
placeholder	设置输入框的占位文本	字符串
disabled	设置是否禁用	布尔值
clearable	设置是否支持清空选项	布尔值
show-all-levels	设置输入框中是否展示完整的选中路径	布尔值
collapse-tags	设置多选模式下是否隐藏标签	布尔值
separator	设置选项分隔符	字符串
filterable	设置是否支持搜索	布尔值
filter-method	自定义搜索函数	函数
debounce	防抖间隔	数值，单位为毫秒
before-filter	调用搜索函数前的回调	函数
change	当选中项发生变化时回调的函数	函数
expand-change	当展开的列表发生变化时回调的函数	函数
blur	当输入框失去焦点时回调的函数	函数
focus	当输入框获得焦点时回调的函数	函数
visible-change	下拉菜单出现/隐藏时回调的函数	函数
remove-tag	在多选模式下，移除标签时回调的函数	函数

在上面列出的属性列表中，props属性需要设置为一个配置对象，此配置对象可以对选择列表是否可多选、子菜单的展开方式等进行设置。props对象的可配置键及意义如表10-14所示。

表 10-14　props 对象的可配置键及意义

键	意　义	值
expandTrigger	设置子菜单的展开方式	click：单击展开 hover：鼠标触碰展开
multiple	是否支持多选	布尔值
emitPath	当选中的选项发生变化时，是否返回此选项的完整路径数组	布尔值
lazy	是否对数据懒加载	布尔值
lazyLoad	懒加载时的动态数据获取函数	函数
value	指定选项的值为数据源对象中的某个属性	字符串，默认值为'value'
label	指定标签渲染的文本为数据源对象中的某个属性	字符串，默认值为'label'
children	指定选项的子列表为数据源对象中的某个属性	字符串，默认为'children'

下面的代码将演示多级列表组件的基本使用，首先准备一组测试的数据源：

```
datas: [
```

```
{
  value: "父1",
  label: "运动",
  children: [
    {
      value: "子1",
      label: "足球",
    },
    {
      value: "子2",
      label: "篮球",
    },
  ],
},
{
  value: "父2",
  label: "休闲",
  children: [
    {
      value: "子1",
      label: "游戏",
    },
    {
      value: "子2",
      label: "魔方",
    },
  ],
},
]
```

编写HTML结构代码如下：

```
<el-cascader
  v-model="value"
  :options="datas"
  :props="{ expandTrigger: 'hover' }"
></el-cascader>
```

运行上面的代码，效果如图10-23所示。

图10-23　多级选择列表示例

10.3　开关与滑块组件

开关是很常见的一种页面元素，其有开和关两种状态来支持用户交互。在Element Plus中使用el-switch来创建开关组件。开关组件的状态只有两种，如果需要使用连续状态的组件，则可以使用el-slider组件，这个组件能够渲染出进度条与滑块，用户可以方便地对进度进行调节。

10.3.1　开关组件

el-switch组件支持开发者对开关颜色、背景颜色等进行定制，常用的属性列举如表10-15所示。

表10-15　el-switch 组件的常用属性

属　性	意　义	值
disabled	设置是否禁用	布尔值
loading	设置是否加载中	布尔值
width	设置按钮的宽度	数值
active-text	设置开关打开时的文字描述	字符串
inactive-text	设置开关关闭时的文字描述	字符串
active-value	设置开关打开时的值	布尔值/字符串/数值
inactive-value	设置开关关闭时的值	布尔值/字符串/数值
active-color	设置开关打开时的背景色	字符串
inactive-color	设置开关关闭时的背景色	字符串
validate-event	改变开关状态时，是否触发表单校验	布尔值
before-change	开关状态发生变化之前会调用的函数	函数
change	开关状态发生变化后调用的函数	函数

下面的代码将演示几种基础的标签样式。

```
<el-switch
    v-model="switch1"
    active-text="会员"
    inactive-text="非会员"
    active-color="#00FF00"
    inactive-color="#FF0000"
></el-switch>
</div>
<div id="div">
  <el-switch
    v-model="switch2"
    active-text="加载中"
    :loading="true"
  ></el-switch>
</div>
<div id="div">
```

```
    <el-switch
      v-model="switch3"
      inactive-text="禁用"
      :disabled="true"
    ></el-switch>
  </div>
```

代码运行效果如图10-24所示。

图 10-24　开关组件示例

10.3.2　滑块组件

当页面元素有多种状态时,我们可以尝试使用滑块组件来实现。滑块组件既支持承载连续变化的值,又支持承载离散变化的值。同时,滑块组件也支持结合输入框一起使用,可谓非常强大。el-slider组件的常用属性列举如表10-16所示。

表 10-16　el-slider 组件的常用属性

属性	意义	值
min	设置滑块的最小值	数值
max	设置滑块的最大值	数值
disabled	设置是否禁用滑块	布尔值
step	设置滑块的步长	数值
show-input	设置是否显示输入框	布尔值
show-input-controls	设置显示的输入框是否有控制按钮	布尔值
input-size	设置输入的框尺寸	large medium small mini
show-stops	是否显示间断点	布尔值
show-tooltip	是否显示刻度提示	布尔值
format-tooltip	对刻度信息进行格式化	函数
range	设置是否为范围选择模式	布尔值

(续表)

属性	意义	值
vertical	设置是否为竖向模式	布尔值
height	设置竖向模式时滑块组件的高度	字符串
marks	设置标记	对象
change	滑块组件值发生变化时调用的函数，只在鼠标拖曳结束时触发	函数
input	滑块组件值发生变化时调用的函数，鼠标拖曳过程中也会触发	函数

滑块组件默认的取值范围为0~100，我们几乎无须设置任何额外属性就可以对滑块组件进行使用，例如：

```
<el-slider v-model="sliderValue"></el-slider>
```

组件的渲染效果如图10-25所示。

图10-25　滑块组件示例

如图10-25所示，当我们对滑块进行拖曳时，当前的值会显示在滑块上方，对于显示的文案，我们可以通过format-tooltip属性来定制，例如要进行百分比的显示，示例如下：

```
<el-slider v-model="sliderValue" :format-tooltip="format"></el-slider>
```

format函数实现如下：

```
format(value) {
  return `${value}%`;
}
```

如果滑块组件可选中的值为离散的，我们可以通过step属性来控制。在上面代码的基础上，若只允许选择以10%为间隔的值，示例如下：

```
<el-slider
  v-model="sliderValue"
  :format-tooltip="format"
  :step="10"
  :show-stops="true"
></el-slider>
```

效果如图10-26所示。

图10-26　离散值的滑块组件示例

如果设置了show-input属性的值为true，则页面还会渲染出一个输入框，输入框中输入的值与滑块组件的值之间是联动的,如图10-27所示。

图10-27 带输入框的滑块组件示例

el-slider组件也支持进行范围选择,当我们需要让用户选中一段范围时,可以设置其range属性为true,效果如图10-28所示。

图10-28 支持范围选择的滑块组件示例

最后,再来看一下el-slider组件的marks属性,这个属性可以为滑块的进度条配置一组标记,对于某些重要节点,可以使用标记进行突出展示。示例如下:

```
<el-slider v-model="sliderValue" :marks="marks"></el-slider>
```

marks数据配置如下:

```
marks: {
  0: "起点",
  50: "半程啦!",
  90: {
    style: {
      color: "#ff0000",
    },
    label: "就到终点啦",
  }
}
```

运行代码,效果如图10-29所示。

图10-29 为滑块组件添加标记示例

10.4 选择器组件

选择器组件的使用场景与选择列表类似,只是其场景更加定制化,Element Plus中提供了时间日期、颜色相关的选择器,在需要的场景中可以直接使用。

10.4.1 时间选择器

el-time-picker用来创建时间选择器,其可以方便地供用户选择一个时间点或时间范围。el-time-picker中的常用属性列举如表10-17所示。

表 10-17 el-time-picker 组件的常用属性

属 性	意 义	值
readonly	设置是否只读	布尔值
disabled	设置是否禁用	布尔值
clearable	设置是否显示清楚按钮	布尔值
size	设置输入框尺寸	medium small mini
placeholder	设置占位内容	字符串
start-placeholder	在范围选择模式下,设置起始时间的占位内容	字符串
end-placeholder	在范围选择模式下,设置结束时间的占位内容	字符串
is-range	设置是否为范围选择模式	布尔值
arrow-control	设置是否使用箭头进行时间选择	布尔值
align	设置对齐方式	left center right
range-separator	设置范围选择时的分隔符	字符串
format	显示在输入框中的时间格式	字符串,默认为HH:mm:ss
default-value	设置选择器打开时默认显示的时间	时间对象
prefix-icon	设置头部图标	字符串
clear-icon	自定义清空图标	字符串
disabledHours	禁止选择某些小时	函数
disabledMinutes	禁止选择某些分钟	函数
disabledSeconds	禁止选择某些秒	函数
change	用户选择的值发生变化时触发	函数
blur	输入框失去焦点时触发	函数
focus	输入框获取焦点时触发	函数

下面的代码将演示el-time-picker组件的基本使用方法。

```
<el-time-picker
  :is-range="true"
  v-model="time"
  range-separator="~"
  :arrow-control="true"
  start-placeholder="开始时间"
  end-placeholder="结束时间"
>
```

```
</el-time-picker>
```

效果如图10-30所示。

图10-30　时间选择器效果示例

需要注意，el-time-picker创建的时间选择器的样式是表格类型的。Element Plus框架中还提供了一个el-time-select组件，这个组件渲染出的选择器是列表样式的。

10.4.2　日期选择器

el-time-picker提供了对时间选择的支持，如果要选择日期，可以使用el-data-picker组件。此组件会渲染出一个日历视图，用户可以在日历视图上方便地进行日期选择。el-data-picker组件的常用属性列举如表10-18所示。

表10-18　el-data-picker 组件的常用属性

属　　性	意　　义	值
readonly	设置是否只读	布尔值
disabled	设置是否禁用	布尔值
editable	设置文本框是否可编辑	布尔值
clearable	设置是否显示清楚按钮	布尔值
size	设置输入框组件的尺寸	large medium small mini
placeholder	设置输入框的占位内容	字符换
start-placeholder	在范围选择模式下，设置起始日期的占位内容	字符串
end-placeholder	在范围选择模式下，设置结束日期的占位内容	字符串

（续表）

属性	意义	值
type	日历的类型	year month date dates week datetime datetimerange daterange monthrange
format	日期的格式	字符串，默认为 YYYY-MM-DD
range-separator	设置分隔符	字符串
default-value	设置默认日期	Date 对象
prefix-icon	设置头部图标	字符串
clear-icon	自定义清空图标	字符串
validate-event	输入时是否触发表单的校验	布尔值
disabledDate	设置需要禁用的日期	函数
change	用户选择的日期发生变化时触发的函数	函数
blur	输入框失去焦点时触发的函数	函数
focus	输入框获取焦点时触发的函数	函数

el-data-picker组件的简单用法示例如下：

```
<el-date-picker
  v-model="date"
  type="daterange"
  range-separator="至"
  start-placeholder="开始日期"
  end-placeholder="结束日期"
>
</el-date-picker>
```

运行代码，页面效果如图10-31所示。

图 10-31　日期选择器组件示例

需要注意，当el-data-picker组件的type属性设置为datatime时，其可以同时支持选择日期和时间，使用非常方便。

10.4.3 颜色选择器

颜色选择器能够提供一个调色板组件，用户可以方便地在调色板上进行颜色的选择。在某些场景下，如果页面支持用户进行颜色定制，可以使用颜色选择器组件。颜色选择器使用el-color-picker创建，常用属性列举如表10-19所示。

表10-19 el-color-picker组件的常用属性

属　性	意　义	值
disabled	设置是否禁用	布尔值
size	设置尺寸	medium small mini
show-alpha	设置是否支持透明度选择	布尔值
color-format	设置颜色格式	hsl hsv hex rgb
predefine	设置预定义颜色	数组

颜色选择器的简单使用示例如下：

```
<el-color-picker :show-alpha="true" v-model="color"></el-color-picker>
```

效果如图10-32所示。

图10-32 颜色选择器示例

10.5 提示类组件

Element Plus框架中提供了许多提示类组件，这类组件在实际开发中应用非常频繁。当我们需要对某些用户的操作做出提示时，就可以使用这类组件。Element Plus框架中提供的提示类组件交互非常友好，主要包括警告组件、加载提示组件、消息提醒组件、通知和弹窗组件等。

10.5.1 警告组件

警告组件用来在页面上展示重要的提示信息，页面产生错误、用户交互处理产生失败等场景都可以使用警告组件来提示用户。警告组件使用el-alert创建，其有4种类型，分别可以使用在操作成功提示、普通信息提示、行为警告提示和操作错误提示场景下。

el-alert警告组件的常用属性列举如表10-20所示。

表10-20 el-alert 警告组件的常用属性

属 性	意 义	值
title	设置标题	字符串
type	设置类型	success warning info error
description	设置描述文案	字符串
closeable	设置是否可以关闭提示	布尔值
center	设置文本是否居中显示	布尔值
close-text	自定义关闭按钮的文本	字符串
show-icon	设置是否显示图标	布尔值
effect	设置主题	light dark
close	关闭提示时触发的事件	函数

下面的代码将演示不同类型的警告提示样式。

```
<el-alert title="成功提示的文案" type="success"> </el-alert>
<br />
<el-alert title="消息提示的文案" type="info"> </el-alert>
<br />
<el-alert title="警告提示的文案" type="warning"> </el-alert>
<br />
<el-alert title="错误提示的文案" type="error"> </el-alert>
```

效果如图10-33所示。单击提示栏上的关闭按钮，提示栏会自动被消除。

图 10-33　警告提示组件示例

需要注意，el-alert是一种常驻的提示组件，除非用户手动单击关闭，否则提示框不会自动关闭，如果需要使用悬浮式的提示组件，Element Plus中也提供了相关的方法，下一节再介绍。

10.5.2　消息提示

Element Plus中提供了主动触发消息提示的方法，当触发消息提示时，页面顶部会出现一个提示栏，展示3秒后自动消失。简单示例如下：

```
<el-button @click="popTip">弹出信息提示</el-button>
```

实现popTip方法如下：

```
popTip() {
  this.$message({
    message: "提示内容",
    type: "warning",
  });
}
```

需要注意，Element Plus 为 Vue 中的 app.config.globalProperties 全局注册了 $message 方法，因此在 Vue 组件内部，可以直接使用 this 调用来触发消息提示。此方法的可配置参数列举如表 10-21 所示。

表 10-21　$message 方法的可配置参数

参数名	意义	值
message	设置提示的消息文字	字符串或 VNode
type	设置提示组件的类型	success warning info error
duration	设置展示时间	数值，单位为毫秒，默认为 3000
showClose	是否展示关闭按钮	布尔值
center	设置文字是否居中	布尔值

（续表）

参数名	意 义	值
onClose	提示栏关闭时回调的函数	函数
offset	设置出现提示栏的位置距离窗口顶部的偏移量	数值

$message 方法适用于对用户进行简单提示的场景，如果需要进行用户交互，则 Element Plus 中提供了另一个方法$msgbox，这个方法触发的提示框功能类似于系统的 alert、confirm 和 prompt 方法，可以进行用户交互。示例如下：

```
popAlert() {
  this.$msgbox({
    title: "提示",
    message: "详细的提示内容",
    type: "warning",
    showCancelButton: true,
    showConfirmButton: true,
    showInput: true,
  });
}
```

运行代码，效果如图10-34所示。

图 10-34　提示弹窗示例

$msgbox方法可配置的常用参数列举如表10-22所示。

表 10-22　$msgbox 方法可配置的常用参数

参 数 名	意 义	值
title	设置提示框标题	字符串
message	设置提示框展示的信息	字符串
type	设置提示框类型	success info warning error
callback	用户交互的回调，当用户单击了提示框上的按钮时触发	函数

(续表)

参数名	意义	值
showClose	设置是否展示关闭按钮	布尔值
beforeClose	提示框关闭前的回调	函数
lockScroll	是否在提示框出现时将页面滚动锁定	布尔值
showCancelButton	设置是否显示取消按钮	布尔值
showConfirmButton	设置是否显示确认按钮	布尔值
cancelButtonText	自定义取消按钮的文本	字符串
confirmButtonText	自定义确认按钮的文本	字符串
closeOnClickModal	设置是否可以通过单击遮罩关闭当前的提示框	布尔值
closeOnPressEscape	设置是否可以通过按下 Esc 键来关闭当前提示框	布尔值
showInput	设置是否展示输入框	布尔值
inputPlaceholder	设置输入框的占位文案	字符串
inputValue	设置输入框的初始文案	字符串
inputValidator	设置输入框的校验方法	函数
inputErrorMessage	设置校验不通过时展示的文案	字符串
center	设置布局是否居中	布尔值
roundButton	设置是否使用圆角按钮	布尔值

10.5.3 通知组件

通知用来全局地进行系统提示，可以像消息提醒一样在出现一定时间后自动关闭，也可以向提示栏那样常驻，只有用户手动才能关闭。在Vue组件中，可以直接调用全局方法$notify来触发通知，常用的参数定义列举如表10-23所示。

表 10-23 $notify 方法常用的参数定义

参数名	意义	值
title	设置通知的标题	字符串
message	设置通知的内容	字符串
type	设置通知的样式	success warning info error
duration	设置通知的显示时间	数值，若设置为 0 则不会自动消失
position	设置通知的弹出位置	top-right top-left bottom-right bottom-left
showClose	设置是否展示关闭按钮	布尔值
onClose	通知关闭时回调的函数	函数
onClick	单击通知时回调的函数	函数
offset	设置通知距离页面边缘的偏移量	数值

示例代码如下：

```
notify() {
  this.$notify({
    title: "通知标题",
    message: "通知内容",
    type: "success",
    duration: "3000",
    position: "top-right",
  });
}
```

页面效果如图10-35所示。

图 10-35　通知组件示例

10.6　数据承载相关组件

前面我们已经学习了很多轻量美观的UI组件，本节将介绍更多专门用来承载数据的组件，例如表格组件、导航组件、卡片和折叠面板组件等。使用这些组件来组织页面数据非常方便。

10.6.1　表格组件

表格组件能够承载大量的数据信息，因此在实际开发中，需要展示大量数据的页面都会使用表格组件。在Element Plus中，使用el-table与el-table-column组件来构建表格。首先，编写如下示例代码：

```
<el-table :data="tableData">
  <el-table-column prop="name" label="姓名"></el-table-column>
  <el-table-column prop="age" label="年龄"></el-table-column>
  <el-table-column prop="subject" label="科目"></el-table-column>
</el-table>
```

tableData数据结构如下：

```
tableData: [
  {
    name: "小王",
```

```
      age: 29,
      subject: "Java",
    },
    {
      name: "小李",
      age: 30,
      subject: "C++",
    },
    {
      name: "小张",
      age: 28,
      subject: "JavaScript",
    },
  ]
```

其中，el-table-column用来定义表格中的每一列，其prop属性设置此列要渲染的数据对应表格数据中的键名，label属性设置列头信息，代码运行效果如图10-36所示。

姓名	年龄	科目
小王	29	Java
小李	30	C++
小张	28	JavaScript

图 10-36　表格组件示例

el-table和el-table-column组件也提供了非常多的属性供开发者进行定制，列举如下。

el-table组件的常用属性如表10-24所示。

表 10-24　el-table 组件的常用属性

属　性	意　义	值
data	设置列表的数据源	数组
height	设置表格的高度，如果设置了这个属性，则表格头会被固定住	数值
max-height	设置表格的最大高度	数值
stripe	设置表格是否有斑马纹，即相邻的行有颜色差异	布尔值
border	设置表格是否有边框	布尔值
size	设置表格的尺寸	medium small mini
fit	设置列的宽度是否自适应	布尔值
show-header	设置是否显示表头	布尔值
highlight-current-row	设置是否高亮显示当前行	布尔值

(续表)

属 性	意 义	值
row-class-name	用来设置行的 class 属性，需要设置为回调函数	Function({row, rowIndex})可以指定不同的行使用不用的 className，返回字符串
row-style	用来设置行的 style 属性，需要设置为回调函数	Function({row, rowIndex})可以指定不同的行使用不同的 style，返回样式对象
cell-class-name	用来设置具体单元格的 className	Function({row, column, rowIndex, columnIndex})
cell-style	用来设置具体单元格的 style 属性	Function({row, column, rowIndex, columnIndex})
header-row-class-name	设置表头行的 className	Function({row, rowIndex})
header-row-style	设置表头行的 style 属性	Function({row, rowIndex})
header-cell-class-name	设置表头单元格的 className	Function({row, column, rowIndex, columnIndex})
header-cell-style	设置表头单元格的 style 属性	Function({row, column, rowIndex, columnIndex})
row-key	用来设置行的 key 值	Function(row)
empty-text	设置空数据时展示的占位内容	字符串
default-expand-all	设置是否默认展开所有行	布尔值
expand-row-keys	设置要默认展开的行	数组
default-sort	设置排序方式	ascending：升序 descending：降序
show-summary	是否在表格尾部显示合计行	布尔值
sum-text	设置合计行第一列的文本	字符串
summary-method	用来定义合计方法	Function({ columns, data })
span-method	用来定义合并行或列的方法	Function({ row, column, rowIndex, columnIndex })
lazy	是否对子节点进行懒加载	布尔值
load	数据懒加载方法	函数
tree-props	渲染嵌套数据的配置选项	对象
select	选中某行数据时回调的函数	函数
select-all	全选后回调的函数	函数
selection-change	选择项发生变化时回调的函数	函数
cell-mouse-enter	鼠标覆盖单元格时回调的函数	函数
cell-mouse-leave	鼠标离开单元格时回调的函数	函数
cell-click	当某个单元格被单击时回调的函数	函数
cell-dblclick	当某个单元格被双击时回调的函数	函数
row-click	当某一行被单击时回调的函数	函数
row-contextmenu	当某一行被右击时回调的函数	函数

(续表)

属 性	意 义	值
row-dblclick	当某一行被双击时回调的函数	函数
header-click	当表头被单击时回调的函数	函数
header-contextmenu	当表头被右击时回调的函数	函数
sort-change	排序发生变化时回调的函数	函数
filter-change	筛选条件发生变化时回调的函数	函数
current-change	表格当前行发生变化时回调的函数	函数
header-dragend	拖曳表头改变列宽度时回调的函数	函数
expand-change	当某一行展开会关闭时回调的函数	函数

通过上面的属性列表可以看到，el-table组件非常强大，除了能够渲染常规的表格外，还支持行列合并、合计、行展开、多选、排序和筛选等，这些功能很多需要结合el-table-column来使用。el-table-column组件的常用属性列举如表10-25所示。

表 10-25　el-table-column 组件的常用属性

属 性	意 义	值
type	设置当前列的类型，默认为无类型，则为常规的数据列	selection：多选类型 index：标号类型 expand：展开类型
index	自定义索引	Function(index)
column-key	设置列的 key 值，用来筛选	字符串
label	设置显示的标题	字符串
prop	设置此列对应的数据字段	字符串
width	设置列的宽度	字符串
min-width	设置列的最小宽度	字符串
fixed	设置此列是否固定，默认不固定	left：固定左侧 right：固定右侧
render-header	使用函数来渲染列的标题部分	Function({ column, $index })
sortable	设置对应列是否可排序	布尔值
sort-method	自定义数据排序的方法	函数
sort-by	设置以哪个字段进行排序	字符串
resizable	设置是否可以通过拖曳来改变此列的宽度	布尔值
filter-method	自定义过滤数据的方法	函数

10.6.2　导航菜单组件

导航组件为页面提供导航功能的菜单，导航组件一般出现在页面的顶部或侧部，单击导航组件上不同的栏目页面会对应跳转到指定的页面。在Element Plus中，使用el-menu、el-submenu与el-menu-item来定义导航组件。

下面的示例代码将演示顶部导航的基本使用。

```html
<el-menu mode="horizontal">
  <el-menu-item index="1">首页</el-menu-item>
  <el-submenu index="2">
    <template #title>广场</template>
    <el-menu-item index="2-1">音乐</el-menu-item>
    <el-menu-item index="2-2">视频</el-menu-item>
    <el-menu-item index="2-3">游戏</el-menu-item>
    <el-submenu index="2-4">
      <template #title>体育</template>
      <el-menu-item index="2-4-1">篮球</el-menu-item>
      <el-menu-item index="2-4-2">足球</el-menu-item>
      <el-menu-item index="2-4-3">排球</el-menu-item>
    </el-submenu>
  </el-submenu>
  <el-menu-item index="3" :disabled="true">个人中心</el-menu-item>
  <el-menu-item index="4">设置</el-menu-item>
</el-menu>
```

如以上代码所示,el-submenu的title插槽用来定义子菜单的标题,其内部可以继续嵌套子菜单组件,el-menu组件的mode属性可以设置导航的布局方式为水平或竖直。运行上面的代码,效果如图10-37所示。

图10-37 导航组件示例

el-menu组件非常简洁,提供的可配置属性不多,列举如表10-26所示。

表10-26 el-menu 组件的可配置属性

属 性	意 义	值
mode	设置菜单模式	vertical:竖直 horizontal:水平
collapse	是否水平折叠收起菜单,只在 vertical 模式下有效	布尔值
background-color	设置菜单的背景色	字符串
text-color	设置菜单的文字颜色	字符串
active-text-color	设置当前菜单激活时的文字颜色	字符串
default-active	设置默认激活的菜单	字符串
default-openeds	设置需要默认展开的子菜单,需要设置为子菜单 index 的列表	数组
unique-opened	是否只保持一个子菜单展开	布尔值

(续表)

属 性	意 义	值
menu-trigger	设置子菜单展开的触发方式，只在 horizontal 模式下有效	hover：鼠标覆盖展开 click：鼠标单击展开
router	是否使用路由模式	布尔值
collapse-transition	是否开启折叠动画	布尔值
select	选中某个菜单项时回调的函数	函数
open	子菜单展开时回调的函数	函数
close	子菜单收起时回调的函数	函数

el-submenu组件的常用属性列举如表10-27所示。

表10-27　el-submenu 组件的常用属性

属 性	意 义	值
index	唯一标识	字符串
show-timeout	设置展开子菜单的延时	数值，单位毫秒
hide-timeout	设置收起子菜单的延时	数值，单位毫秒
disabled	设置是否禁用	布尔值

el-menu-item组件的常用属性列举如表10-28所示。

表10-28　el-menu-item 组件的常用属性

属 性	意 义	值
index	唯一标识	字符串
route	路由对象	对象
disabled	设置是否禁用	布尔值

导航组件最重要的作用是用来进行页面管理，大多数时候，我们都会结合路由组件进行使用，通过导航与路由，页面的跳转管理会非常简单方便。

10.6.3　标签页组件

标签页组件用来将页面分割成几部分，单击不同的标签可以对页面内容进行切换。使用el-tabs来创建标签页组件。使用示例如下：

```
<el-tabs type="border-card">
  <el-tab-pane label="页面1" name="1">页面1</el-tab-pane>
  <el-tab-pane label="页面2" name="2">页面2</el-tab-pane>
  <el-tab-pane label="页面3" name="3">页面3</el-tab-pane>
  <el-tab-pane label="页面4" name="4">页面4</el-tab-pane>
</el-tabs>
```

运行代码，效果如图10-38所示。单击不同的标签将会切换不同的内容。

图 10-38　标签页组件示例

el-tabs组件的常用属性列举如表10-29所示。

表 10-29　el-tabs 组件的常用属性

属　性	意　义	值
closable	设置标签是否可关闭	布尔值
addable	标签是否可增加	布尔值
editable	标签是否可编辑（增加和删除）	布尔值
tab-position	标签栏所在的位置	top right bottom left
stretch	设置标签是否自动撑开	布尔值
before-leave	当标签即将切换时回调的函数	函数
tab-click	当某个标签被选中时回调的函数	函数
tab-remove	当某个标签被移除时回调的函数	函数
tab-add	单击新增标签按钮时回调的函数	函数
edit		

el-tab-pane组件用来定义具体的每个标签卡，常用的属性列举如表10-30所示。

表 10-30　el-tab-pane 组件的常用属性

属　性	意　义	值
label	设置标签卡的标题	字符串
disabled	设置当前标签卡是否禁用	布尔值
name	与标签卡绑定的 value 数据	字符串
closable	设置此标签卡	布尔值
lazy	设置标签是否延迟渲染	布尔值

对于el-tab-pane组件，可以通过其内部的label插槽来自定义标题内容。

10.6.4　抽屉组件

抽屉组件是一种全局的弹窗组件，在流行的网页应用中非常常见。当用户打开抽屉组件时，会从页面的边缘滑出一个内容面板，我们可以灵活定制内容面板的内容来实现产品的需求。示例代码如下：

```
<div style="margin:300px">
  <el-button @click="drawer = true" type="primary">
```

```
    点我打开抽屉
  </el-button>
</div>
<el-drawer
  title="抽屉面板的标题"
  v-model="drawer"
  direction="ltr">
  抽屉面板的内容
</el-drawer>
```

上面的代码中，使用按钮控制抽屉的打开，el-drawer组件的direction属性可以设置抽屉的打开方向。运行代码，效果如图10-39所示。

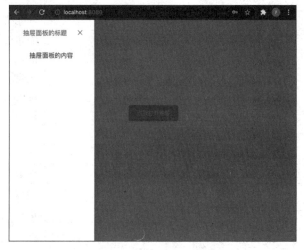

图 10-39　抽屉组件示例

10.6.5　布局容器组件

布局容器用来方便快速地搭建页面基本结构。观察当下流行的网站页面，可以发现它们的布局结构都是十分相似的，一般都是由头部模块、尾部模块、侧栏模块和主内容模块构成的。

在Element Plus中，使用el-container创建布局容器，其内部的子元素一般是el-header、el-aside、el-main或el-footer。其中el-header定义头部模块，el-aside定义侧边栏模块，el-main定义主内容模块，el-footer定义尾部模块。

el-container组件可配置的属性只有一个，如表10-31所示。

表 10-31　el-container 组件可配置的属性

属性	意义	值
direction	设置子元素的排列方式	horizontal：水平 vertical：竖直

el-header组件和el-footer组件默认会水平撑满页面，可以设置其渲染高度，如表10-32所示。

表 10-32 设置渲染高度的属性

属　性	意　义	值
height	设置高度	字符串

el-aside组件默认高度会撑满页面，可以设置其宽度，如表10-33所示。

表 10-33 el-aside 组件设置高度的属性

属　性	意　义	值
width	设置宽度	字符串

示例代码如下：

```
<el-container>
  <el-header height="80px" style="background-color:gray">Header</el-header>
  <el-container>
    <el-aside width="200px" style="background-color:red">Aside</el-aside>
    <el-container>
      <el-main>
        <div style="height:300px;background-color:#f1f1f1">内容</div>
      </el-main>
      <el-footer height="80px" style="background-color:gray">Footer</el-footer>
    </el-container>
  </el-container>
</el-container>
```

运行效果如图10-40所示。

图 10-40　布局容器示例

10.7 实战：实现一个教务系统学生列表页面

本章的内容有些繁杂，并且几乎介绍的每个 UI 组件都有很多不同的配置属性，如果你坚持学习到了此处，那么首先恭喜你，已经能够运用所学的内容完成大部分的网站页面开发。本节将通过一个简单的学生列表页面实践应用之前学习的表格组件、容器组件、导航组件等。

首先，我们想要实现的页面是这样的：页面由3部分构成，顶部的标题栏展示当前页面的名称；左侧的侧边栏用来进行年级和班级的选择；中间的内容部分又分为上下两部分，上部分为标题栏，显示一些控制按钮，如新增学生信息、搜索学生信息，下部分为当前班级完整的学生列表，展示的信息有名字、年龄、性别以及添加信息的日期。页面布局草图如图10-41所示。

图 10-41　页面布局草图

编写HTML模板代码如下：

```
<template>
  <el-container>
    <el-header height="80px" style="padding:0">
      <div class="header">教务系统学生管理</div>
    </el-header>
    <el-container>
      <el-aside width="200px">
        <el-menu class="aside" @select="selectFunc" default-active="1" :unique-opened="true">
          <el-submenu index="1">
            <template #title>
              <span>七年级</span>
            </template>
            <el-menu-item index="1">1班</el-menu-item>
            <el-menu-item index="2">2班</el-menu-item>
            <el-menu-item index="3">3班</el-menu-item>
```

```html
            </el-submenu>
            <el-submenu index="2">
                <template #title>
                    <span>八年级</span>
                </template>
                <el-menu-item index="4">1班</el-menu-item>
                <el-menu-item index="5">2班</el-menu-item>
                <el-menu-item index="6">3班</el-menu-item>
            </el-submenu>
            <el-submenu index="3">
                <template #title>
                    <span>九年级</span>
                </template>
                <el-menu-item index="7">1班</el-menu-item>
                <el-menu-item index="8">2班</el-menu-item>
                <el-menu-item index="9">3班</el-menu-item>
            </el-submenu>
        </el-menu>
    </el-aside>
    <el-container>
        <el-header height="80px" style="padding:0;margin:0">
            <el-container class="subHeader">
                <div class="desc">{{desc}}</div>
                <el-button style="width:100px;height:30px;margin:20px">新增记录</el-button>
            </el-container>
        </el-header>
        <el-main style="margin:0;padding:0">
            <div class="content">
                <el-table :data="stus">
                    <el-table-column
                    prop="name"
                    label="姓名">
                    </el-table-column>
                    <el-table-column
                    prop="age"
                    label="年龄">
                    </el-table-column>
                    <el-table-column
                    prop="sex"
                    label="性别">
                    </el-table-column>
                    <el-table-column
                    prop="date"
                    label="录入日期">
                    </el-table-column>
                </el-table>
            </div>
        </el-main>
        <el-footer height="30px" class="footer">Vue框架搭建，ElementPlus提供组
```

```
件支持</el-footer>
        </el-container>
      </el-container>
    </el-container>
  </template>
```

上面的代码对页面的基本骨架进行了搭建，为了使页面看起来更加协调美观，补充CSS代码如下：

```
<style scoped>
.header {
    font-size: 30px;
    line-height: 80px;
    background-color: #f1f1f1;
}
.aside {
    background-color: wheat;
    height: 600px;
}
.subHeader {
    background-color:cornflowerblue;
}
.desc {
    font-size: 25px;
    line-height: 80px;
    color: white;
    width: 800px;
}
.content {
    height: 410px;
}
.footer {
    background-color:dimgrey;
    color: white;
    font-size: 17px;
    line-height: 30px;
}
</style>
```

最后，完成核心的JavaScript逻辑代码，提供一些测试数据并实现菜单的交互逻辑，代码如下：

```
<script>
export default {
    data () {
        return {
            desc:"七年级1班学生统计",
            stus:[
                {
                    name:"小王",
                    age:14,
                    sex:"男",
```

```
                date:"2020年8月15日"
            },{
                name:"小张",
                age:15,
                sex:"男",
                date:"2020年5月15日"
            },{
                name:"小秋",
                age:15,
                sex:"女",
                date:"2020年8月15日"
            }
        ]
    }
},
methods: {
    selectFunc(index) {
        let strs = ["七","八","九"]
        let rank = strs[Math.floor((index-1) / 3)]
        this.desc = `${rank}年级${((index-1) % 3) + 1}班学生统计`
    }
}
}
</script>
```

最终，页面的运行效果如图10-42所示。

图 10-42　实战效果示例

Vue结合Element Plus进行页面的搭建就是如此简单便捷。

10.8　小结与练习

本章介绍了非常多的实用页面组件，要想熟练地使用这些组件进行页面的搭建，大量的练习是必不可少的，建议你在网上找几个感兴趣的网页，模仿其使用Vue + Element Plus进行实现，这会使你受益良多。

练习：请思考一下，我们为什么需要使用Element Plus框架？

温馨提示：Vue毕竟是一个前端开发框架，前端离不开用户页面，Element Plus中定义了大量的标准UI组件，并有极大的定制灵活性，可以大大减少前端页面的开发成本。

第11章

基于 Vue 的网络框架——vue-axios 的应用

互联网应用自然离不开网络，我们在浏览器中浏览的任何网页数据几乎都是通过网络传输的，对于开发独立的网站应用来说，页面本身和页面要渲染的数据通常是分别传输的。浏览器首先根据用户输入的地址来获取静态的网页文件、依赖的相关脚本代码等，之后再由脚本代码进行其他数据的逻辑获取。对于Vue应用来说，我们通常使用vue-axios来进行网络数据的请求。

通过本章，你将学习到：

- 如何利用互联网上的接口数据来构建自己的应用。
- vue-axios 模块的安装和数据请求。
- vue-axios 的接口配置与高级用法。
- 具有网络功能的 Vue 应用的基本开发方法。

11.1 使用 vue-axios 请求天气数据

本节将介绍如何使用互联网上提供的免费API资源来实现生活小工具类应用。互联网的免费资源其实非常多，我们可以用其来实现如新闻推荐、天气预报、问答机器人等有趣的应用。本节将以天气预报数据为例介绍如何使用vue-axios获取这些数据。

11.1.1 使用互联网上免费的数据服务

互联网上有许多第三方的API接口服务，使用这些服务我们可以方便地开发个人使用的小工具应用，也可以方便地进行编程技能的学习和测试。"聚合数据"是一个非常优秀的数据提供商，其可以提供涵盖各个领域的数据接口服务。官方网址如下：

```
https://www.juhe.cn
```

要使用聚合数据提供的接口服务，首先要注册一个"聚合数据"网站的会员，注册过程本身是完全免费的，并且其提供的免费 API 接口服务也足够我们之后的学习使用。注册会员的网址如下：

```
https://www.juhe.cn/register
```

在注册页面，我们需要填写一些基本的信息，可以选择使用电子邮箱注册或者使用手机号注册。使用电子邮箱注册时的页面如图11-1所示。

图 11-1　注册"聚合数据"会员

需要注意，在注册前务必阅读《聚合用户服务协议》与《聚合隐私协议》，并且填写真实有效的邮箱地址，要真正完成注册过程，需要登录邮箱进行验证。

注册成功后，还需要通过实名认证才能使用"聚合数据"提供的接口服务，在个人中心的实名认证页面，根据提示提供对应的身份认证信息，等待审核通过即可。

下面我们查找一款感兴趣的API接口服务，如图11-2所示。

图 11-2　选择感兴趣的 API 接口服务

以天气预报服务为例，申请使用后，可以在个人中心→数据中心→我的API栏目中看到此数据服务，需要记录其中的请求Key，后面我们在调用此接口服务时需要使用到，如图11-3所示。

图 11-3　获取接口服务的 Key 值

之后，进入"天气预报"服务的详情页，在详情页会提供此接口服务的接口地址、请求方式、请求参数说明和返回参数说明等信息，我们需要根据这些信息来进行应用的开发，如图11-4所示。

图 11-4　接口文档示例

现在，我们尝试使用终端进行接口的请求测试，在终端输入如下指令：

```
curl http://apis.juhe.cn/simpleWeather/query\?city\=%E8%8B%8F%E5%B7%9E\&key\=cffe158caf3fe63aa2959767aXXXXX
```

需要注意，其中参数key对应的值为我们前面记录的应用的Key值，city对应的是要查询的城市的名称，需要对其进行urlencode编码。如果终端正确输出了我们请求的天气预报信息，则恭喜你，已经成功完成准备工作，可以进行后面的学习了。

11.1.2 使用 vue-axios 进行数据请求

axios本身是一个基于promise的HTTP客户端工具，vue-axios针对Vue对axios进行了一层简单的包装。在Vue应用中，使用其进行网络数据的请求非常简单。

首先，在Vue项目工程下执行如下指令进行vue-axios模块的安装：

```
npm install --save axios vue-axios
```

安装完成后，可以检查package.json文件中是否已经添加了vue-axios的依赖。还记得我们使用Element Plus框架时的步骤吗？使用vue-axios与其类似，首先需要在main.js文件中对其进行导入和注册，代码如下：

```
// 导入vue-axios模块
import VueAxios from 'vue-axios'
import axios from 'axios';
// 导入我们自定义的根组件
import App from './App.vue'
// 挂载根组件
const app = createApp(App)
// 注册axios
app.use(VueAxios, axios)
app.mount('#app')
```

需要注意，在导入我们自定义的组件之前进行vue-axios模块的导入。之后，可以任意一个组件为例，在其生命周期方法中编写如下代码进行请求的测试：

```
mounted () {
    let api =
"http://apis.juhe.cn/simpleWeather/query?city=%E8%8B%8F%E5%B7%9E&key=cffe158caf3fe63aa2959767a503bxxx"
    this.axios.get(api).then((response)=>{
        console.log(response)
    })
}
```

运行代码，打开浏览器的控制台，你会发现请求并没有按照我们的预期方式成功完成，控制台会输出如下信息：

```
Access to XMLHttpRequest at
'http://apis.juhe.cn/simpleWeather/query?city=%E8%8B%8F%E5%B7%9E&key=cffe158ca
f3fe63aa2959767a503bxxx' from origin 'http://192.168.34.13:8080' has been blocked
by CORS policy: No 'Access-Control-Allow-Origin' header is present on the requested
resource.
```

出现此问题的原因是产生了跨域请求，我们在Vue CLI创建的项目中更改全局配置可以解决此问题。首先在Vue项目的根目录下创建vue.config.js文件，在其中编写如下配置项：

```
module.exports = {
  devServer: {
```

```
    proxy: {
        // 对以/myApi开头的请求进行代理
        '/myApi': {
            // 将请求目标指定到接口服务地址
            target: 'http://apis.juhe.cn/',
            // 设置允许跨域
            changeOrigin: true,
            // 设置非HTTPS请求
            secure:false,
            // 重写路径，将/myApi（即之前的内容）清除
            pathRewrite:{
                        '^/myApi':''
                    }
            }
        }
    }
}
```

修改请求数据的测试代码如下：

```
mounted () {
    let city = "上海"
    city = encodeURI(city)
    let api = `/simpleWeather/query?city=${city}&key=cffe158caf3fe63aa2959767a503bbfe`
    this.axios.get("/myApi" + api).then((response)=>{
        console.log(response.data)
    })
}
```

如以上代码所示，将请求的API接口前的地址强制替换成了字符串"/myApi"，这样请求就能进入我们配置的代理逻辑中。实现跨域请求还有一点需要注意，我们要请求的城市是上海，真正发起请求时，需要将城市进行URI编码。重新运行Vue项目，在浏览器控制台可以看到，已经能够正常地访问接口服务了，如图11-5所示。

图11-5　请求到了天气预报数据

通过实例代码可以看到，使用vue-axios进行数据的请求非常简单，在组件内部直接使用

this.axios.get方法即可发起GET请求。当然也可以使用this.axios.post方法来发起POST请求，此方法会返回Promise对象，后续可以获取请求成功后的数据或失败的原因。下一节将介绍更多vue-axios中提供的功能接口。

11.2 vue-axios 实用功能介绍

本节将介绍vue-axios中提供的功能接口，这些API接口可以帮助开发者快速地对请求进行配置的处理。

11.2.1 通过配置的方式进行数据请求

vue-axios中提供了许多快捷的请求方法，在上一节中，我们编写的请求示例代码中使用的就是其提供的快捷方法。如果要直接进行GET请求，使用如下方法即可：

```
axios.get(url[, config])
```

其中，url参数是要请求的接口；config参数是选填的，用来配置请求的额外选项。与此方法类似，vue-axios中还提供了下面的常用快捷方法：

```
// 快捷发起POST请求，data设置请求的参数
axios.post(url[, data[, config]])
// 快捷发起DELETE请求
axios.delete(url[, config])
// 快捷发起HEAD请求
axios.head(url[, config])
// 快捷发起OPTIONS请求
axios.options(url[, config])
// 跨界发起PUT请求
axios.put(url[, data[, config]])
// 快捷发起PATCH请求
axios.patch(url[, data[, config]])
```

除了使用这些快捷方法外，也可以完全通过自己的配置来进行数据请求，示例如下：

```
let city = "上海"
city = encodeURI(city)
let api =
`/simpleWeather/query?city=${city}&key=cffe158caf3fe63aa2959767a503bbfe`
    this.axios({
        method:'get',
        url:"/myApi" + api,
    }).then((response)=>{
        console.log(response.data)
    })
```

通过这种配置方式进行的数据请求效果与使用快捷方法一致。需要注意，在配置时必须设置

请求的method方法。

大多数时候，在同一个项目中，使用的请求很多配置都是相同的。对于这种情况，可以创建一个新的axios请求实例，之后所有的请求都使用这个实例来发起，实例本身的配置会与快捷方法的配置合并，这样既能够复用大多数相似的配置，又可以实现某些请求的定制化，示例如下：

```javascript
// 统一配置URL前缀、超时时间和自定义的header
const instance =this.axios.create({
    baseURL: '/myApi',
    timeout: 1000,
    headers: {'X-Custom-Header': 'custom'}
});
let city = "上海"
city = encodeURI(city)
let api = `/simpleWeather/query?city=${city}&key=cffe158caf3fe63aa2959767a503bbfe`
instance.get(api).then((response)=>{
    console.log(response.data)
})
```

如果需要让某些配置作用于所有请求，即需要重设axios的默认配置，可以使用axios的defaults属性进行配置，例如：

```javascript
this.axios.defaults.baseURL = '/myApi'
let city = "上海"
city = encodeURI(city)
let api = `/simpleWeather/query?city=${city}&key=cffe158caf3fe63aa2959767a503bbfe`
this.axios.get(api).then((response)=>{
    console.log(response.data);
})
```

在对请求配置进行合并时，会按照一定的优先级进行选择，优先级排序如下：

axios默认配置 < defaults属性配置 < 请求时的config参数配置

11.2.2 请求的配置与响应数据结构

在axios中，无论我们使用配置的方式进行数据请求还是使用快捷方法进行数据请求，都可以传一个配置对象来对请求进行配置，此配置对象可配置的参数非常丰富，如表11-1所示。

表11-1 配置对象可配置的参数

参　　数	意　　义	值
url	设置请求的接口 URL	字符串
method	设置请求方法	字符串，默认为'get'
baseURL	设置请求的接口前缀，会拼接在 URL 之前	字符串
transformRequest	用来拦截请求，在发起请求前进行数据的修改	函数，此函数会传入 data、headers 两个参数，将修改后的 data 进行返回即可

(续表)

参数	意义	值
transformResponse	用来拦截请求回执,在收到请求回执后会调用	函数,此函数会传入 data 作为参数,将修改后的 data 进行返回即可
headers	自定义请求头数	对象
paramsSerializer	自定义参数的序列化方法	函数
data	设置请求要发送的数据	字符、对象、数组等
timeout	设置请求的超时时间	数值,单位为毫秒,若设置为 0 则永不超时
withCredentials	设置跨域请求时是否需要凭证	布尔值
auth	设置用户信息	对象
responseType	设置响应数据的数据类型	字符串,默认为'json'
responseEncoding	设置响应数据的编码方式	字符串,默认为'utf8'
maxContentLength	设置允许响应的最大字节数	数值
maxBodyLength	设置请求内容的最大字节数	数值
validateStatus	自定义请求结束的状态是成功还是失败	函数,会传入请求到的 status 状态码作为参数,需要返回布尔值决定请求是否成功

通过表11-1列出的配置属性,基本可以满足各种场景下的数据请求需求。当一个请求被发出后,axios会返回一个Promise对象,通过此Promise对象可以异步地等待数据的返回,axios返回的数据是一个包装好的对象,其中包装的属性列举如表11-2所示。

表 11-2 包装对象的属性

属性	意义	值
data	接口服务返回的响应数据	对象
status	接口服务返回的 HTTP 状态码	数值
statusText	接口服务返回的 HTTP 状态信息	字符串
headers	响应头数据	对象
config	axios 设置的请求配置信息	对象
request	请求实例	对象

你可以尝试在浏览器中打印这些数据,观察这些数据中的信息。

11.2.3 拦截器的使用

拦截器的功能在于其允许开发者在请求发起前或请求完成后进行拦截,从而在这些时候添加一些定制化的逻辑。举一个很简单的例子,在请求发送前,可能需要激活页面的Loading特效,在请求完成后移除Loading特效,同时,如果请求的结果是异常的,可能还需要进行一个弹窗提示,而这些逻辑对于项目中的大部分请求来说都是通用的,这时就可以使用拦截器。

要对请求的开始进行拦截,示例代码如下:

```
this.axios.interceptors.request.use((config)=>{
```

```
    alert("请求将要开始")
    return config
},(error)=>{
    alert("请求出现错误")
    return Promise.reject(error)
})
this.axios.get(api).then((response)=>{
    console.log(response.data);
})
```

运行上面的代码，在请求开始前会有弹窗提示。

也可以对请求完成后进行拦截，示例代码如下：

```
this.axios.interceptors.response.use((response)=>{
    alert(response.status)
    return response
},(error)=>{
    return Promise.reject(error)
})
```

在拦截器中，也可以对响应数据进行修改，将修改后的数据返回给请求调用处使用。

需要注意，请求拦截器的添加是和axios请求实例绑定的，后续此实例发起的请求都会被拦截器拦截，但是可以使用如下方式在不需要拦截器的时候将其移除：

```
let i = this.axios.interceptors.request.use((config)=>{
    alert("请求将要开始")
    return config
},(error)=>{
    alert("请求出现错误")
    return Promise.reject(error)
})
this.axios.interceptors.request.eject(i)
```

11.3 范例：实现一个天气预报应用

本节将结合聚合数据提供天气预报接口服务，尝试开发一款天气预报网页应用。前面如果你观察过天气预报接口返回的数据结构，就会发现其中包含两部分数据，一部分是当前的天气信息数据，另一部分是未来几天的天气数据。在页面设计时，也可以分成两个模块，分别展示当日的天气信息和未来几日的天气信息。

11.3.1 搭建页面框架

创建一个名为Weather.vue的组件文件，编写HTML模板代码如下：

```
<template>
    <el-container class="container">
```

```html
            <el-header>
                <el-input placeholder="请输入" class="input" v-model="city">
                    <template #prepend>城市名：</template>
                </el-input>
            </el-header>
            <el-main class="main">
                <div class="today">
                    今天：
                    <span>{{this.todayData.weather ?? this.plc}} {{this.todayData.temperature ?? this.plc}}</span>
                    <span style="margin-left:20px">{{this.todayData.direct ?? this.plc}}</span>
                    <span style="margin-left:100px">{{this.todayData.date}}</span>
                </div>
                <div class="real">
                    <span class="temp">{{this.realtime.temperature ?? this.plc}}°</span>
                    <span class="realInfo">{{this.realtime.info ?? this.plc}}</span>
                    <span class="realInfo" style="margin-left:20px">{{this.realtime.direct ?? this.plc}}</span>
                    <span class="realInfo" style="margin-left:20px">{{this.realtime.power ?? this.plc}}</span>
                </div>
                <div class="real">
                    <span class="realInfo">空气质量：{{this.realtime.aqi ?? this.plc}}° </span>
                    <span class="realInfo" style="margin-left:20px">湿度：{{this.realtime.humidity ?? this.plc}}</span>
                </div>
                <div class="future">
                    <div class="header">5日天气预报</div>
                    <el-table :data="futureData" style="margin-top:30px">
                        <el-table-column prop="date" label="日期"></el-table-column>
                        <el-table-column prop="temperature" label="温度"></el-table-column>
                        <el-table-column prop="weather" label="天气"></el-table-column>
                        <el-table-column prop="direct" label="风向"></el-table-column>
                    </el-table>
                </div>
            </el-main>
        </el-container>
</template>
```

如以上代码所示，从布局结构上，页面分为头部和主体部分两部分。头部布局了一个输入框，用来输入要查询天气的城市名称；主体部分又分为上下两部分，上部分展示当前的天气信息，下部分为一个列表，展示未来几天的天气信息。

实现简单的CSS样式代码如下：

```css
<style>
.container {
    background: linear-gradient(rgb(13, 104, 188), rgb(54, 131, 195));
}
.input {
    width: 300px;
    margin-top: 20px;
}
.today {
    font-size: 20px;
    color: white;
}
.temp {
    font-size: 79px;
    color: white;
}
.realInfo {
    color: white;
}
.future {
    margin-top: 40px;
}
.header {
    color: white;
    font-size: 27px;
}
</style>
```

11.3.2 实现天气预报应用的核心逻辑

天气预报组件的JavaScript逻辑代码非常简单，只需要监听用户输入的城市名，进行接口请求，当接口数据返回后，用其来动态地渲染页面即可，示例代码如下：

```
<script>
export default {
    mounted () {
        // 组件挂载时，进行默认数据的初始化
        this.axios.defaults.baseURL = '/myApi'
        this.requestData()
    },
    data() {
        return {
            city:"上海",
            weatherData:{},
            todayData:{},
            plc:"暂无数据",
            realtime:{},
```

```
                futureData:[]
            }
        },
        watch: {
            // 当用户输入的城市发生变化后，调用接口进行数据请求
            city() {
                this.requestData()
            }
        },
        methods: {
            requestData() {
                let city = encodeURI(this.city)
                let api =
`/simpleWeather/query?city=${city}&key=cffe158caf3fe63aa2959767a503bbfe`
                this.axios.get(api).then((response)=>{
                    this.weatherData = response.data
                    this.todayData = this.weatherData.result.future[0]
                    this.realtime = this.weatherData.result.realtime
                    this.futureData = this.weatherData.result.future
                    console.log(response.data)
                })
            }
        }
    }
</script>
```

至此，一个功能完整的实用天气预报应用就开发完成了。可以看到，使用Vue及其生态内的其他UI支持模块、网络支持模块等开发一款应用程序真的非常方便。

运行编写好的组件代码，效果如图11-6所示。

图11-6　天气预报应用页面效果

11.4 小结与练习

本章介绍了基于Vue的网络请求框架vue-axios，并且通过一个简单的实战项目练习了Vue具有网络功能的应用的开发方法。相信有了网络技术的加持，你可以使用Vue开发出更多有趣而实用的应用。

练习：尝试利用互联网提供的免费API接口，制作一个展示新闻的小应用。

温馨提示：使用vue-axios来进行数据的请求，应用Vue的数据绑定技术来将接口数据渲染到页面上。

第 12 章

Vue 路由管理

Vue路由是用来管理页面切换或跳转的一种方式。Vue十分适合用来创建单页面应用。所谓单页面应用，不是指"只有一个用户页面"的应用，而是从开发角度上讲的一种架构方式，单页面只有一个主应用入口，通过组件的切换来渲染不同的功能页面。当然，对于组件切换，我们可以借助Vue的动态组件功能，但其管理起来非常麻烦，且不易维护。幸运的是，Vue有配套的路由管理方案——Vue Router，使得我们可以更加自然地进行功能页面的管理。

通过本章，你将学习到：

- Vue Router 模块的安装与简单使用。
- 动态路由、嵌套路由的用法。
- 路由的传参方法。
- 为路由添加导航守卫。
- Vue Router 的进阶用法。

12.1 Vue Router 的安装与简单使用

Vue Router是Vue官方的路由管理器，与Vue框架本身深度契合。Vue Router主要包含如下功能：

- 路由支持嵌套。
- 可以模块化地进行路由配置。
- 支持路由参数、查询和通配符。

- 提供了视图过渡效果。
- 能够精准地进行导航控制。

本节就来一起安装Vue Router模块，并对其功能进行简单的体验。

12.1.1 Vue Router 的安装

与 Vue 框架本身一样，Vue Router 支持使用 CDN 的方式引入，也支持使用 NPM 的方式进行安装。在本章的示例中，我们采用 Vue CLI 创建的项目来做演示，将采用 NPM 的方式来安装 Vue。如果需要使用 CDN 的方式引入，地址如下：

```
https://unpkg.com/vue-router@4
```

使用 Vue CLI 创建一个示例的 Vue 项目工程，使用终端在项目根目录下执行如下指令来安装 Vue Router 模块：

```
npm install vue-router@4 -s
```

稍等片刻，安装完成后在项目的package.json文件中会自动添加Vue Router的依赖，例如：

```
"dependencies": {
    "core-js": "^3.6.5",
    "vue": "^3.0.0",
    "vue-router": "^4.0.10"
}
```

需要注意，你安装的Vue Router版本并不一定需要和书中的一样，但要求是4.x.x系列的版本，因为大版本不同的Vue Router模块接口和功能差异较大。

做完上面的工作后，就可以尝试对Vue Router进行简单使用了。

12.1.2 一个简单的 Vue Router 使用示例

我们一直在讲路由的作用是页面管理，在实际应用中，需要做的其实非常简单：将定义好的Vue组件绑定到指定的路由，然后通过路由指定在何时或何处渲染这个组件。

首先，创建两个简单的示例组件。在工程的components文件夹下新建两个文件，分别命名为Demo1.vue和Demo2.vue，在其中编写如下示例代码：

Demo1.vue：

```
<template>
    <h1>示例页面1</h1>
</template>
<script>
export default {
};
</script>
```

Demo2.vue：

```
<template>
    <h1>示例页面2</h1>
</template>
<script>
export default {
};
</script>
```

Demo1和Demo2这两个组件作为示例使用，非常简单。修改App.vue文件如下：

```
<template>
    <h1>HelloWorld</h1>
    <p>
      <!-- route-link是路由跳转组件，用to来指定要跳转的路由 -->
      <router-link to="/demo1">页面一</router-link>
      <br/>
      <router-link to="/demo2">页面二</router-link>
    </p>
    <!-- router-view是路由的页面出口，路由匹配到的组件会渲染在此  -->
    <router-view></router-view>
</template>
<script>
export default {
  name: 'App',
  components: {

  }
}
</script>
```

如以上代码所示，router-link组件是一个自定义的链接组件，它比常规的a标签要强大很多，其允许在不重新加载页面的情况下更改页面的URL。router-view用来渲染与当前URL对应的组件，我们可以将其放在任何位置，例如带顶部导航栏的应用，其页面主体内容部分就可以放置router-view组件，通过导航栏上按钮的切换来替换内容组件。

修改项目中的main.js文件，在其中进行路由的定义与注册，示例代码如下：

```
// 导入Vue框架中的createApp方法
import { createApp } from 'vue'
// 导入Vue Router模块中的createRouter和createWebHashHistory方法
import { createRouter, createWebHashHistory } from 'vue-router'
// 导入自定义的根组件
import App from './App.vue'
// 导入路由需要用到的自定义组件
import Demo1 from './components/Demo1.vue'
import Demo2 from './components/Demo2.vue'
// 挂载根组件
const app = createApp(App)
// 定义路由
const routes = [
  { path: '/demo1', component: Demo1 },
```

```
    { path: '/demo2', component: Demo2 },
]
// 创建路由对象
const router = createRouter({
  history: createWebHashHistory(),
  routes: routes
})
// 注册路由
app.use(router)
// 进行应用挂载
app.mount('#app')
```

运行上面的代码，单击页面中的两个切换按钮，可以看到对应的内容组件也会发生切换，如图12-1所示。

图 12-1　Vue Router 体验

12.2　带参数的动态路由

我们已经了解到，不同的路由可以匹配到不同的组件，从而实现页面的切换。有些时候，我们需要将同一类型的路由匹配到同一个组件，通过路由的参数来控制组件的渲染。例如对于"用户中心"这类页面组件，不同的用户渲染的信息是不同的，这时就可以通过为路由添加参数来实现。

12.2.1　路由参数匹配

我们先编写一个示例的用户中心组件，此组件非常简单，直接通过解析路由中的参数来显示当前用户的昵称和编号。在工程的components文件夹下新建一个名为User.vue的文件，在其中编写如下代码：

```
<template>
    <h1>姓名：{{$route.params.username}}</h1>
    <h2>id:{{$route.params.id}}</h2>
</template>
```

```
<script>
export default {
};
</script>
```

如以上代码所示,在组件内部可以使用$route属性获取全局的路由对象,路由中定义的参数可以在此对象的params属性中获取到。在main.js中定义路由如下:

```
import User from './components/User.vue'
```

```
const routes = [
    { path: '/user/:username/:id', component:User }
]
```

在定义路由的路径path时,使用冒号来标记参数,如以上代码中定义的路由路径,username和id都是路由的参数,以下路径会被自动匹配:

```
/user/小王/8888
```

其中"小王"会被解析到路由的username属性,"8888"会被解析到路由的id属性。

现在,运行Vue工程,尝试在浏览器中输入如下格式的地址:

```
http://localhost:8080/#/user/小王/8888
```

你会看到,页面的加载效果如图12-2所示。

图 12-2　解析路由中的参数

需要注意,在使用带参数的路由时,对应相同组件的路由在进行导航切换时,相同的组件并不会被销毁再创建,这种复用机制使得页面的加载效率更高。但这也表明,页面切换时,组件的生命周期方法都不会被再次调用,如果需要通过路由参数来请求数据,之后渲染页面需要特别注意,不能在生命周期方法中进行数据请求逻辑。例如,修改App.vue组件的模板代码如下:

```
<template>
    <h1>HelloWorld</h1>
    <p>
      <router-link to="/user/小王/8888">小王</router-link>
      <br/>
      <router-link to="/user/小李/6666">小李</router-link>
    </p>
```

```
    <router-view></router-view>
</template>
```

修改User.vue的代码如下：

```
<template>
    <h1>姓名：{{$route.params.username}}</h1>
    <h2>id:{{$route.params.id}}</h2>
</template>
<script>
export default {
    mounted() {
        alert(`组件加载，请求数据。路由参数为name:${this.$route.params.username} id:${this.$route.params.id}`)
    }
};
</script>
```

我们模拟在组件挂载时根据路由参数来进行数据的请求。运行代码可以看到，单击页面上的链接进行组件切换时，User组件中显示的用户名称和用户编号都会实时地刷新，但是alert弹窗只有在User组件第一次加载时才会弹出，后续不会再弹出。对于这种场景，我们可以采用导航守卫的方式来处理，每次路由参数有更新，都会回调守卫函数。修改User.vue组件中的JavaScript代码如下：

```
export default {
    beforeRouteUpdate(to, from) {
        console.log(to,from)
        alert(`组件加载，请求数据。路由参数为name:${to.params.username} id:${to.params.id}`)
    }
}
```

再次运行代码，当同一个路由的参数发生变化时，也会有alert弹出提示。beforeRouteUpdate函数在路由将要更新时会调用，其会传入两个参数，to是更新后的路由对象，from是更新前的路由对象。

12.2.2　路由匹配的语法规则

在进行路由参数匹配时，Vue Router允许参数内部使用正则表达式来进行匹配。首先来看一个例子。在上一节中，我们提供了User组件做路由示范，将其修改如下：

```
<template>
    <h1>中户中心</h1>
    <h1>姓名：{{$route.params.username}}</h1>
</template>
<script>
</script>
```

同时，在components文件夹下新建一个名为UserSetting.vue的文件，在其中编写如下代码：

```
<template>
```

```
    <h1>用户设置</h1>
    <h2>id:{{$route.params.id}}</h2>
</template>
<script>
</script>
```

我们将User组件作为用户中心页面来使用，而UserSetting组件作为用户设置页面来使用。这两个页面所需要的参数不同，用户中心页面需要用户名参数，用户设置页面需要用户编号参数。我们可以在main.js文件中定义路由：

```
const routes = [
    { path: '/user/:username', component:User },
    { path: '/user/:id', component:UserSetting }
]
```

你会发现，上面的代码中定义的两个路由除了参数名不同外，格式完全一样。这种情况下，我们无法访问用户设置页面，所有符合UserSetting组件的路由规则同时也符合User组件。为了解决这一问题，最简单的方式是加一个静态的前缀路径，例如：

```
const routes = [
    { path: '/user/info/:username', component:User },
    { path: '/user/setting/:id', component:UserSetting }
]
```

这是一个好方法，但并不是唯一的方法。对于本示例来说，用户中心页面和用户设置页面所需要参数的类型有明显的差异，用户编号必须是数值，用户名则不能是纯数字。因此，可以通过正则约束来实现不同类型的参数匹配到对应的路由组件，示例如下：

```
const routes = [
    { path: '/user/:username', component:User },
    { path: '/user/:id(\\d+)', component:UserSetting }
]
```

这样，对于"/user/6666"这样的路由就会匹配到UserSetting组件，"/user/小王"这样的路由就会匹配到User组件。

在正则表达式中，"*"可以用来匹配0个或多个，"+"可以用来匹配1个或多个。在路由定义时使用这两个符号可以实现多级参数。在components文件夹下新建一个名为Category.vue的示例组件，编写如下代码：

```
<template>
    <h1>类别</h1>
    <h2>{{$route.params.cat}}</h2>
</template>
<script>
</script>
```

在main.js中增加如下路由定义：

```
{ path: '/category/:cat*', component:Category}
```

需要注意，别忘了在main.js文件中对Category组件进行引入。当我们采用多级匹配的方式来定义路由时,路由中传递的参数会自动转换成一个数组,例如路由"/category/一级/二级/三级"可以匹配到上面定义的路由,匹配成功后,cat参数为一个数组,其中数据为["一级","二级","三级"]。

有时候,页面组件所需要的参数并不都是必传的,以用户中心页面为例,当传了用户名参数时,其需要渲染登录后的用户中心状态,当没有传用户名参数时,其可能需要渲染未登录时的状态。这时,可以将此username参数定义为可选的,示例如下:

```
{ path: '/user/:username?', component:User }
```

参数被定义为可选后,路由中不包含此参数的时候也可以正常匹配到指定的组件。

12.2.3 路由的嵌套

前面定义了很多路由,但是真正渲染路由的地方只有一个,即只有一个\<router-view>\</router-view>出口,这类路由实际上都是顶级路由。在实际开发中,我们的项目可能非常复杂,除了根组件中需要路由外,一些子组件中可能也需要路由,Vue Router 提供了嵌套路由技术来支持这类场景。

以之前创建的 User 组件为例,假设组件中有一部分用来渲染用户的好友列表,这部分也可以用组件来完成。首先在 components 文件夹下新建一个名为 Friends.vue 的文件,编写代码如下:

```
<template>
    <h1>好友列表</h1>
    <h1>好友人数：{{$route.params.count}}</h1>
</template>
<script>
</script>
```

Friends组件只会在用户中心使用,可以将其作为一个子路由进行定义。首先修改User.vue代码如下:

```
<template>
    <h1>中户中心</h1>
    <h1>姓名：{{$route.params.username}}</h1>
    <router-view></router-view>
</template>
<script>
</script>
```

需要注意,User组件本身也是由路由管理的,在User组件内部再使用的\<router-view>\</router-view>标签实际上定义的是二级路由的页面出口。在main.js中定义二级路由如下:

```
const routes = [
  {
    path: '/user/:username?',
    component:User,
    children:[
      {
        path: 'friends/:count',
        component: Friends
      }
```

```
    ]
  }
]
```

需要注意,在定义路由时,不要忘记在main.js中引入此组件。之前在定义路由时都只使用了path和component属性,其实每个路由对象本身也可以定义子路由对象。理论上讲,可以根据自己的需要来定义路由嵌套的层数,通过路由的嵌套,可以更好地对路由进行分层管理。如以上代码所示,当我们访问如下路径时,页面效果如图12-3所示。

- /user/小王/friends/6

图 12-3　路由嵌套示例

12.3　页面导航

导航本身是指页面间的跳转和切换。router-link组件就是一种导航组件。我们可以设置其属性to来指定要执行的路由。除了使用route-link组件外,还有其他的方式进行路由控制,任意可以添加交互方法的组件都可以实现路由管理。本节将介绍通过函数的方式进行路由跳转。

12.3.1　使用路由方法

当我们成功向Vue应用注册路由后,在任何Vue实例中,都可以通过$route属性访问路由对象。通过调用路由对象的push方法可以向history栈中添加一个新的记录。也就是说,用户可以通过浏览器的返回按钮返回上一个路由的URL。

首先,修改App.vue文件代码如下:

```
<template>
  <h1>HelloWorld</h1>
  <p>
    <el-button type="primary" @click="toUser">中户中心</el-button>
  </p>
```

```
    <router-view></router-view>
</template>
<script>
export default {
  methods:{
    toUser() {
      this.$router.push({
        path:"/user/小王"
      })
    }
  }
}
</script>
```

如以上代码所示，我们使用按钮组件代替之前的router-link组件，在按钮的单击方法中进行路由的跳转操作。push方法可以接收一个对象，对象中通过path属性配置其URL路径。push方法也支持直接传入一个字符串作为URL路径，代码如下：

```
this.$router.push("/user/小王")
```

也可以通过路由名加参数的方式让Vue Router自动生成URL，要使用这种方法进行路由跳转，在定义路由的时候需要对路由进行命名，代码如下：

```
const routes = [
  {
    path: '/user/:username?',
    name: 'user',
    component:User
  }
]
```

之后，可以使用如下方式进行路由跳转：

```
this.$router.push({
  name: 'user',
  params: {
    username:'小王'
  }
})
```

如果路由需要查询参数，可以通过query属性进行设置，示例如下：

```
// 会被处理成 /user?name=xixi
this.$router.push({
  path: '/user',
  query: {
    name:'xixi'
  }
})
```

需要注意，在调用push方法配置路由对象时，如果设置了path属性，则params属性会被自动忽略。push方法本身也会返回一个Promise对象，可以用其来处理路由跳转成功之后的逻辑，示例如下：

```
this.$router.push({
  name: 'user',
  params: {
    username:'小王'
  }
}).then(()=>{
  this.$message({
    message: "跳转成功",
    type: "success",
  });
})
```

12.3.2　导航历史控制

当我们使用router-link组件或push方法切换页面时，新的路由实际上会被放入history导航栈中，用户可以灵活地使用浏览器的前进和后退功能在导航栈路由中进行切换。对于有些场景，我们不希望导航栈中的路由增加，这时可以配置replace参数或直接调用replace方法来进行路由跳转，这种方式跳转的页面会直接替换当前的页面，即跳转前页面的路由从导航栈中删除。

```
this.$router.push({
    path: '/user/小王',
    replace: true
})
this.$router.replace({
    path: '/user/小王'
})
```

Vue Router提供了另一个方法，让我们可以灵活地选择跳转到导航栈中的某个位置，示例如下：

```
// 跳转到后1个记录
this.$router.go(1)
// 跳转到后3个记录
this.$router.go(3)
// 跳转到前1个记录
this.$router.go(-1)
```

12.4　关于路由的命名

我们知道，在定义路由时，除了path之外，还可以设置name属性，name属性为路由提供了名称，使用名称进行路由切换比直接使用path进行切换有很明显的优势：避免硬编码URL、可以自动处理参数的编码等。

12.4.1 使用名称进行路由切换

与使用path路径进行路由切换类似，router-link组件和push方法都可以根据名称进行路由切换。以前面编写的代码为例，定义用户中心的名称为user，使用如下方法可以直接进行切换：

```
this.$router.push({
    name: 'user',
    params:{
      username:"小王"
    }
})
```

使用router-link组件切换的示例如下：

```
<router-link :to="{ name: 'user', params: { username: '小王' }}">小王</router-link>
```

12.4.2 路由视图命名

路由视图命名是指对router-view组件进行命名，router-view组件用来定义路由组件的出口，前面我们讲过，路由支持嵌套，router-view可以进行嵌套。通过嵌套，允许我们的Vue应用中出现多个router-view组件。但是对于有些场景，可能需要同级地展示多个路由视图，例如顶部导航区和主内容区两部分都需要使用路由组件，这时候就需要同级地使用router-view组件，要定义同级的每个router-view要展示的组件，可以对其进行命名。

修改App.vue文件，将页面的布局分为头部和内容主体两部分，代码如下：

```
<template>
  <el-container>
    <el-header height="80px">
      <router-view name="topBar"></router-view>
    </el-header>
    <el-main>
      <router-view name="main"></router-view>
    </el-main>
  </el-container>
</template>
```

在mian.js文件中定义一个新的路由，设置如下：

```
const routes = [
  path: '/home/:username/:id',
  components: {
    topBar: User,
    main: UserSetting
  }
  }
]
```

之前定义路由时，一个路径只对应一个组件，其实也可以通过components来设置一组组件，components需要设为一个对象，其中的键表示页面中路由视图的名称，值为要渲染的组件。在上面的例子中，页面的头部会被渲染为User组件，主体部分会被渲染为UserSetting组件，如图12-4所示。

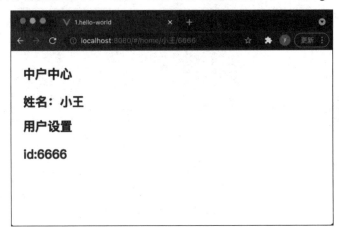

图12-4　进行路由视图的命名

需要注意，对于没有命名的router-view组件，其名字会被默认分配为default，如果编写组件模板如下：

```
<template>
  <el-container>
    <el-header height="80px">
      <router-view name="topBar"></router-view>
    </el-header>
    <el-main>
      <router-view></router-view>
    </el-main>
  </el-container>
</template>
```

使用如下方式定义路由效果是一样的：

```
const routes = [
  {
    path: '/home/:username/:id',
    components: {
      topBar: User,
      default: UserSetting
    }
  }
]
```

温馨提示：在嵌套的子路由中，也可以使用视图命名路由，对于结构复杂的页面，可以先将其按照模块进行拆分，梳理清晰路由的组织关系再进行开发。

12.4.3 使用别名

别名提供了一种路由路径映射的方式,也就是说我们可以自由地将组件映射到一个任意的路径上,而不用受到嵌套结构的限制。

首先,可以尝试为一个简单的一级路由来设置别名,修改用户设置页面的路由定义如下:

```
const routes = [
  { path: '/user/:id(\\d+)', component:UserSetting, alias: '/setting/:id' }
]
```

之后,下面两个路径的页面渲染效果将完全一样:

```
http://localhost:8080/#/setting/6666/
http://localhost:8080/#/user/6666/
```

需要注意,别名和重定向并不完全一样,别名不会改变用户在浏览器中输入的路径本身,对于多级嵌套的路由来说,可以使用别名在路径上对其进行简化。如果原路由有参数配置,一定要注意别名也需要对应地包含这些参数。在为路由配置别名时,alias属性可以直接设置为别名字符串,也可以设置为数组同时配置一组别名,例如:

```
const routes = [
  { path: '/user/:id(\\d+)', component:UserSetting, alias: ['/setting/:id', '/s/:id'] }
]
```

12.4.4 路由重定向

重定向也是通过路由配置来完成的,与别名的区别在于,重定向会将当前路由映射到另一个路由上,页面的URL会产生改变。例如当用户访问路由'/d/1'时,需要页面渲染'/demo1'路由对应的组件,配置方式如下:

```
const routes = [
  { path: '/demo1', component: Demo1 },
  { path: '/d/1', redirect: '/demo1'},
]
```

redirect也支持配置为对象,设置对象的name属性可以直接指定命名路由,例如:

```
const routes = [
  { path: '/demo1', component: Demo1, name:'Demo' },
  { path: '/d/1', redirect: {name : 'Demo'}}
]
```

上面的示例代码都是采用静态的方式配置路由重定向的,在实际开发中,更多时候会采用动态的方式配置重定向,例如对于需要用户登录才能访问的页面,当未登录的用户访问此路由时,我们自动将其重定向到登录页面,下面的示例代码将模拟这一过程:

```
const routes = [
```

```
  { path: '/demo1', component: Demo1, name:'Demo' },
  { path: '/demo2', component: Demo2 },
  { path: '/d', redirect: to => {
    console.log(to)  // to是路由对象
    // 随机数模拟登录状态
    let login = Math.random() > 0.5
    if (login) {
      return { path:'/demo1'}
    } else {
      return { path:'/demo2'}
    }
  }
  }
]
```

12.5 关于路由传参

通过前面的学习，我们对Vue Router的基本使用已经有了初步的了解，在进行路由跳转时，可以通过参数的传递来进行后续的逻辑处理。在组件内部，之前使用$route.params的方式来获取路由传递的参数，这种方式虽然可行，但组件与路由紧紧地耦合在了一起，并不利于组件的复用性。本节来讨论一下路由的另一种传参方式——使用属性的方式进行参数传递。

还记得我们编写的用户设置页面是如何获取路由传递的id参数的吗？代码如下：

```
<template>
    <h1>用户设置</h1>
    <h2>id:{{$route.params.id}}</h2>
</template>
<script>
</script>
```

由于之前在组件的模板内部使用了$route属性，这导致此组件的通用性大大降低，首先将其所有耦合路由的地方去除掉，修改如下：

```
<template>
    <h1>用户设置</h1>
    <h2>id:{{id}}</h2>
</template>
<script>
export default {
    props: [
        'id'
    ]
}
</script>
```

现在，UserSetting组件能够通过外部传递的属性来做内部逻辑，后面需要做的只是将路由的传参映射到外部属性上。Vue Router默认支持这一功能。路由配置方式如下：

```
const routes = [
  { path: '/user/:id(\\d+)', component:UserSetting, props:true }
]
```

在定义路由时，将props设置为true，则路由中传递的参数会自动映射到组件定义的外部属性，使用十分方便。

对于有多个页面出口的同级命名视图，我们需要对每个视图的props单独进行设置，示例如下：

```
const routes = [
  {
    path: '/home/:username/:id',
    components: {
      topBar: User,
      default: UserSetting,
    },
    props: {topBar:true, default:true}
  }
]
```

如果组件内部需要的参数与路由本身并没有直接关系，也可以将props设置为对象，此时props设置的数据将原样传递给组件的外部属性，例如：

```
const routes = [
  { path: '/user/:id(\\d+)', component:UserSetting, props:{id:'000'} },
]
```

如以上代码所示，此时路由中的参数将被弃用，组件中获取到的id属性值将固定为"000"。

props还有一种更强大的使用方式，可以直接将其设置为一个函数，函数中返回要传递到组件的外部属性对象，这种方式动态性很好，示例如下：

```
const routes = [
  { path: '/user/:id(\\d+)', component:UserSetting, props:route => {
    return {
      id:route.params.id,
      other:'other'
    }
  }}
]
```

12.6　路由导航守卫

关于导航守卫，前面也使用过，顾名思义，导航守卫的主要作用是在进行路由跳转时决定通过此次跳转或拒绝此次跳转。在Vue Router中有多种方式来定义导航守卫。

12.6.1 定义全局的导航守卫

在main.js文件中，我们使用createRouter方法来创建路由实例，此路由实例可以使用beforeEach方法来注册全局的前置导航守卫，之后当触发导航跳转时，都会被此导航守卫捕获，示例如下：

```
const router = createRouter({
  history: createWebHashHistory(),
  routes: routes        // 我们定义的路由配置对象
})
router.beforeEach((to, from) => {
  console.log(to)       // 将要跳转到的路由对象
  console.log(from)     // 当前将要离开的路由对象
  return false          // 返回true表示允许此次跳转，返回false表示禁止此次跳转
})
app.use(router)
```

当注册的beforeEach方法返回的是布尔值时，其用来决定是否允许此次导航跳转，如以上代码所示，所有的路由跳转都将被禁止。

更多时候，我们会在beforeEach方法中返回一个路由配置对象来决定要跳转的页面，这种方式更加灵活，例如可以将登录态校验的逻辑放在全局的前置守卫中处理，非常方便。示例如下：

```
const routes = [
  { path: '/user/:id(\\d+)',name:'setting', component:UserSetting, props:true},
]
const router = createRouter({
  history: createWebHashHistory(),
  routes: routes // 我们定义的路由配置对象
})
router.beforeEach((to, from) => {
  console.log(to)      // 将要跳转到的路由对象
  console.log(from)    // 当前将要离开的路由对象
  if (to.name != 'setting') {    // 防止无限循环
    return {name:'setting',params:{id:"000"}}    // 返回要跳转到的路由
  }
})
```

与定义全局前置守卫类似，也可以注册全局的导航后置回调。与前置守卫不同的是，后置回调不会改变导航本身，但是其对页面的分析和监控十分有用。示例如下：

```
const router = createRouter({
  history: createWebHashHistory(),
  routes: routes // 我们定义的路由配置对象
})
router.afterEach((to, from, failure) => {
  console.log("跳转结束")
  console.log(to)
  console.log(from)
```

```
console.log(failure)
})
```

路由实例的afterEach方法中设置的回调函数除了接收to和from参数外,还会接收一个failure参数,通过它开发者可以对导航的异常信息进行记录。

12.6.2 为特定的路由注册导航守卫

如果只有特定的场景需要在页面跳转过程中实现相关逻辑,也可以为指定的路由注册导航守卫。有两种注册方式,一种是在配置路由时进行定义,另一种是在组件中进行定义。

在对导航进行配置时,可以直接为其设置beforeEnter属性,示例如下:

```
const routes = [
{
  path: '/demo1', component: Demo1, name: 'Demo', beforeEnter: router => {
    console.log(router)
    return false
  }
}
]
```

如以上代码所示,当用户访问"/demo1"路由对应的组件时都会被拒绝掉。需要注意,beforeEnter设置的守卫只有在进入路由时会触发,路由的参数变化并不会触发此守卫。

在编写组件时,也可以实现一些方法来为组件定制守卫函数,示例代码如下:

```
<template>
  <h1>示例页面1</h1>
</template>
<script>
export default {
  beforeRouteEnter(to, from) {
    console.log(to, from, "前置守卫");
    return true;
  },
  beforeRouteUpdate(to, from) {
    console.log(to, from, "路由参数有更新时的守卫");
  },
  beforeRouteLeave(to, from) {
    console.log(to, from, "离开页面");
  },
};
</script>
```

如以上代码所示,beforeRouteEnter是组件的导航前置守卫,在通过路由将要切换到当前组件时被调用,在这个函数中,可以做拦截操作,也可以做重定向操作,需要注意此方法只有在第一次切换此组件时会被调用,路由参数的变化不会重复调用此方法。beforeRouteUpdate方法在当前路由发生变化时会被调用,例如路由参数的变化等都可以在此方法中捕获到。beforeRouteLeave方法会在将要离开当前页面时被调用。还有一点需要特别注意,在beforeRouteEnter方法中不能使用this来获取当前组件实例,因为在导航守卫确认通过前,新的组件还没有被创建。如果一定要在导航被确认时使用当前组件实例处理一些逻辑,可以通过next参数注册回调方法,示例如下:

```
beforeRouteEnter(to, from, next) {
    console.log(to, from, "前置守卫");
    next((w) => {
      console.log(w); // w为当前组件实例
    });
    return true;
}
```

当前置守卫确认了此次跳转后,next参数注册的回调方法会被执行,并且会将当前组件的实例作为参数传入。在beforeRouteUpdate和beforeRouteLeave方法中可以直接使用this关键字来获取当前组件实例,无须额外的操作。

下面来总结Vue Router导航跳转的全过程。

第1步:导航被触发,可以通过router-link组件触发,也可以通过$router.push或直接改变URL触发。

第2步:在将要失活的组件中调用beforeRouteLeave守卫函数。

第3步:调用全局注册的beforeEach守卫。

第4步:如果当前使用的组件没有变化,调用组件内的beforeRouteUpdate守卫。

第5步:调用在定义路由时配置的beforeEnter守卫函数。

第6步:解析异步路由组件。

第 7 步:在被激活的组件中调用 beforeRouteEnter 守卫。

第 8 步:导航被确认。

第 9 步:调用全局注册的 afterEach 守卫。

第 10 步:触发 DOM 更新,页面进行更新。

第 11 步:调用组件的 beforeRouteEnter 函数汇总 next 参数注册的回调函数。

12.7 动态路由

截至目前,我们所有使用到的路由都是采用静态配置的方式定义的,即先在main.js中完成路由的配置,再在项目中使用。但某些情况下,可能需要在运行的过程中动态添加或删除路由,Vue Router中也提供了方法支持动态地对路由进行操作。

12.7.1 动态添加与删除路由

在Vue Router中,动态操作路由的方法主要有两个:addRoute和removeRoute,addRoute用来动态添加一条路由,对应的removeRoute用来动态删除一条路由。首先,修改Demo1,Vue文件如下:

```
<template>
```

```
    <h1>示例页面1</h1>
    <el-button type="primary" @click="click">跳转Demo2</el-button>
</template>
<script>
import Demo2 from "./Demo2.vue";
export default {
  created() {
    console.log(this);
    this.$router.addRoute({
      path: "/demo2",
      component: Demo2,
    });
  },
  methods: {
    click() {
      this.$router.push("/demo2");
    },
  },
};
</script>
```

我们在Demo1组件中布局了一个按钮元素，在Demo1组件创建完成后，使用addRoute方法动态添加了一条路由，当单击页面上的按钮时，切换到Demo2组件。修改main.js文件中配置路由的部分如下：

```
const router = createRouter({
  history: createWebHashHistory(),
  routes: [
    {
      path: '/demo1', component: Demo1,
    }
  ]
})
```

可以尝试一下，如果直接在浏览器中访问"/demo2"页面会报错，因为此时注册的路由列表中并没有此项路由记录，但是如果先访问"/demo1"页面，再单击页面上的按钮进行路由跳转，则能够正常跳转。

在下面几种场景下会触发路由的删除。

当使用addRoute方法动态添加路由时，如果添加了重名的路由，旧的会被删除，例如：

```
this.$router.addRoute({
  path: "/demo2",
  component: Demo2,
  name:"Demo2"
});
this.$router.addRoute({
  path: "/d2",
  component: Demo2,
  name:"Demo2"
});
```

上面的代码中，路径为"/demo"的路由将会被删除。

在调用addRoute方法时，它其实会返回一个删除回调，我们也可以通过此删除回调来直接删除所添加的路由，代码如下：

```
let call = this.$router.addRoute({
  path: "/demo2",
  component: Demo2,
  name: "Demo2",
});
// 直接移除此路由
call();
```

另外，对于已经命名的路由，也可以通过名称来对路由进行删除，示例如下：

```
this.$router.addRoute({
  path: "/demo2",
  component: Demo2,
  name: "Demo2",
});
this.$router.removeRoute("Demo2");
```

需要注意，当路由被删除时，其所有的别名和子路由也会同步被删除。在Vue Router中，还提供了方法来获取现有的路由，例如：

```
console.log(this.$router.hasRoute("Demo2"));
console.log(this.$router.getRoutes());
```

其中，hasRouter方法用来检查当前已经注册的路由中是否包含某个路由，getRoutes方法用来获取包含所有路由的列表。

12.8 小结与练习

本章介绍了 Vue Router 模块的使用方法，路由技术在实际项目开发中应用广泛，随着网页应用的功能越来越强大，前端代码也将越来越复杂，因此如何高效清晰地根据业务模块组织代码变得十分重要。路由就是一种非常优秀的页面组织方式，通过路由可以将页面按照组件的方式进行拆分，组件内只关注内部的业务逻辑，组件间通过路由来进行交互和跳转。

通过本章的学习，相信你已经有了开发大型前端应用的基本能力，可以尝试模仿流行的互联网应用，通过路由来搭建一些页面进行练习。

练习：在实际的应用开发中，只有一个页面的应用很少，页面间的组织与管理非常重要。那么你能简述路由管理在前端开发中解决了什么问题吗？

温习提示：可以从解耦、模块化等方面进行分析。

第13章

Vue 状态管理

首先，Vue框架本身就有状态管理的能力，我们在开发Vue应用页面时，视图上渲染的数据就是通过状态来驱动的。本章主要讨论基于Vue的状态管理框架Vuex，Vuex是一个专为Vue定制的状态管理模块，其集中式地存储和管理应用的所有组件的状态，使这些状态数据可以按照我们预期的方式变化。

当然，并非所有Vue应用的开发都需要使用Vuex来进行状态管理，对于小型的、简单的Vue应用，我们使用Vue自身的状态管理功能就已经足够，但是对于复杂度高、组件繁多的Vue应用，组件间的交互会使得状态的管理变得困难，这时就需要Vuex的帮助了。

通过本章，你将学习到：

- Vuex 框架的安装与简单使用。
- 多组件共享状态的管理方法。
- 多组件驱动同一状态的方法。

13.1 认识 Vuex 框架

Vuex采用集中的方式管理所有组件的状态，相较于"集中式"而言，Vue本身对状态的管理是"独立式"的，即每个组件只负责维护自身的状态。

13.1.1 关于状态管理

我们先从一个简单的示例组件来理解状态管理。使用Vue CLI工具新建一个Vue项目工程，为了方便测试，我们将默认生成的部分代码先清理掉，修改App.vue文件如下：

```
<template>
  <HelloWorld />
</template>
<script>
import HelloWorld from './components/HelloWorld.vue'
export default {
  name: 'App',
  components: {
    HelloWorld
  }
}
</script>
```

修改HelloWorld.vue文件如下：

```
<template>
  <h1>计数器{{ count }}</h1>
  <button @click="increment">增加</button>
</template>
<script>
export default {
  data() {
    return {
      count:0
    }
  },
  methods: {
    increment() {
      this.count ++
    }
  }
}
</script>
```

上面的代码逻辑非常简单，页面上渲染了一个按钮组件和一个文本标题，当用户单击按钮时，标题上显示的计数会自增。分析上面的代码可以发现，在Vue应用中，组件状态的管理由如下几部分组成：

1. 状态数据

状态数据是指data函数中返回的数据，这些数据自带响应性，由其来对视图的展现进行驱动。

2. 视图

视图是指template里面定义的视图模板，其通过声明的方式将状态映射到视图上。

3. 动作

动作是指会引起状态变化的行为，即上面代码methods选项中定义的方法，这些方法用来改变状态数据，状态数据的改动最终驱动视图的刷新。

上面3部分的协同工作就是Vue状态管理的核心。总体来看，在这个状态管理模式中，数据的流向是单向的、私有的。由视图触发动作，由动作改变状态，由状态驱动视图。此过程如图13-1所示。

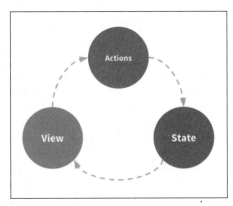

图 13-1 单向数据流使用图

单向数据流这种状态管理模式非常简洁，对于组件不多的简单Vue应用来说，这种模式非常高效，但是对于多组件复杂交互的场景，使用这种方式进行状态管理就会比较困难。我们来思考下面两种状况：

（1）有多个组件依赖于同一个状态。
（2）多个组件都可能触发动作变更一个状态。

对于状况（1），使用上面所述的状态管理方法很难实现，对于嵌套的多个组件，我们还可以通过传值的方式来传递状态，但是对于平级的多个组件，共享同一个状态是非常困难的。

对于状况（2），不同的组件若要更改同一个状态，最直接的方式是将触发动作交给上层，对于多层嵌套的组件，则需要一层一层地向上传递事件，在最上层统一处理状态的更改，这会使代码的维护难度大大增加。

Vuex就是基于这种应用场景产生的，在Vuex中，可以将需要组件间共享的状态抽取出来，以一个全局的单例模式进行管理。在这种模式下，视图无论在视图树中的哪个位置，都可以直接获取这些共享的状态，也可以直接触发修改动作来动态改变这些共享的状态。

13.1.2 安装与体验 Vuex

与前面我们使用过的模块的安装方式类似，使用npm命令可以非常方便地为工程安装Vuex模块，命令如下：

```
npm install vuex@next --save
```

在安装过程中，如果有权限相关的错误产生，可以在命令前添加sudo。安装完成后，即可在工程的package.json文件中看到相关的依赖配置以及所安装的Vuex的版本，代码如下：

```
"dependencies": {
    "core-js": "^3.6.5",
    "vue": "^3.0.0",
    "vuex": "^4.0.2"
}
```

下面尝试体验Vuex状态管理的基本功能。首先仿照HelloWorld组件来创建一个新的组件，命名为HelloWorld2.vue，其功能也是一个简单的计数器，代码如下：

```
<template>
  <h1>计数器2:{{ count }}</h1>
  <button @click="increment">增加</button>
</template>
<script>
export default {
  data() {
    return {
      count:0
    }
  },
  methods: {
    increment() {
      this.count ++
    }
  }
}
</script>
```

修改App.vue文件如下：

```
<template>
  <HelloWorld />
  <HelloWorld2 />
</template>
<script>
import HelloWorld from './components/HelloWorld.vue'
import HelloWorld2 from './components/HelloWorld2.vue'
export default {
  name: 'App',
  components: {
    HelloWorld,
    HelloWorld2
  }
}
</script>
```

运行此Vue工程，在页面上可以看到两个计数器，如图13-2所示。

图13-2 示例工程运行效果

此时，这两个计数器组件是相互独立的，即单击第1个按钮只会增加第1个计数器的值，单击第2个按钮只会增加第2个计数器的值。如果需要让这两个计数器共享一个状态，且同时操作此状态，则需要Vuex出马。

Vuex框架的核心是store，即仓库。简单理解，store本身就是一个容器，其内存储和管理的应用中需要多组件共享的状态。Vuex中的store非常强大，其中存储的状态是响应式的，若store中的状态数据发生变化，其会自动反映到对应的组件视图上。并且，store中的状态数据并不允许开发者直接进行修改，改变store中状态数据的唯一办法是提交mutation操作，通过这样严格的管理，可以更加方便地追踪每一个状态的变化过程，帮助我们进行应用的调试。

现在，我们来使用Vuex对上面的代码进行改写，在main.js文件中编写如下代码：

```
import { createApp } from 'vue'
import App from './App.vue'
// 引入 createStore方法
import { createStore } from 'vuex'
// 创建应用实例
const app = createApp(App)
// 创建Vuex仓库store实例
const store = createStore({
    // 定义要共享的状态数据
    state() {
        return {
            count:0
        }
    },
    // 定义修改状态的方法
    mutations: {
        increment(state) {
            state.count ++
        }
```

```
    }
})
// 注入Vuex的store
app.use(store)
// 挂载应用
app.mount('#app')
```

之后就可以在组件中共享count状态了，并且通过提交increment操作来修改此状态。修改HelloWorld与HelloWorld2组件代码如下：

```
<template>
  <h1>计数器1:{{ this.$store.state.count }}</h1>
  <button @click="increment">增加</button>
</template>
<script>
export default {
  methods: {
    increment() {
      this.$store.commit('increment')
    }
  }
}
</script>
```

可以看到，在组件中使用$store属性可以直接获取到store实例，此实例的state属性中存储着所有共享的状态数据，且是响应式的，可以直接绑定到组件的视图进行使用。当需要对状态进行修改时，需要调用store实例的commit方法来提交变更操作，在这个方法中直接传入要执行更改操作的方法名即可。

再次运行工程，你会发现页面上的两个计数器的状态已经能够联动起来。后面，我们将讨论更多Vuex的核心概念。

13.2 Vuex中的一些核心概念

本节主要讨论Vuex中的5个核心概念：state、getter、mutation、action和module。

13.2.1 Vuex中的状态 state

我们知道，状态实际上就是应用中组件需要共享的数据。在Vuex中采用单一状态树来存储状态数据，也就是说我们的数据源是唯一的。在任何组件中，都可以使用如下方式来获取任何一个状态树中的数据：

```
this.$store.state
```

当组件中所使用的状态数据非常多时，这种写法就会显得比较烦琐，我们也可以使用Vuex中提供的mapState方法来将其直接映射成组件的计算属性进行使用。由于状态数据本身具有响应性，因此将其映射为计算属性后也具有响应性，使用计算属性和直接使用状态数据并无不同。示例代码如下：

```
<template>
  <h1>计数器1:{{ count }}</h1>
  <button @click="increment">增加</button>
</template>
<script>
import {mapState} from 'vuex'
export default {
  methods: {
    increment() {
      this.$store.commit('increment')
    }
  },
  computed: mapState(['count'])
}
</script>
```

如果组件使用的计算属性的名字与store中定义的状态名字不一致，也可以在mapState中传入对象来进行配置，示例如下：

```
<template>
  <h1>计数器1:{{ countData2 }}</h1>
  <button @click="increment">增加</button>
</template>
<script>
import {mapState} from 'vuex'
export default {
  methods: {
    increment() {
      this.$store.commit('increment')
    }
  },
  computed: mapState({
    // 通过字符串映射
    countData:'count',
    // 通过函数映射
    countData2(state) {
      return state.count
    }
  })
}
</script>
```

虽然使用Vuex管理状态非常方便，但是这并不意味着需要将组件所有使用到的数据都放在store中，这会使store仓库变得巨大且容易产生冲突。对于那些完全是组件内部使用的数据，还是应该将其定义为局部的状态。

13.2.2 Vuex 中的 Getter 方法

在Vue中，计算属性实际上就是Getter方法，当我们需要将数据处理过再进行使用时，就可以使用计算属性。对于Vuex来说，借助mapState方法，可以方便地将状态映射为计算属性，从而增加一些所需的业务逻辑。但是如果有些计算属性是通用的，或者这些计算属性也是多组件共享的，此时在这些组件中都实现一遍这些计算方法就显得非常多余。Vuex允许我们在定义store实例时添加一些仓库本身的计算属性，即Getter方法。

以上一节编写的示例代码为基础，修改store定义如下：

```
const store = createStore({
    // 定义要共享的状态数据
    state() {
        return {
            count:0
        }
    },
    // 定义修改状态的方法
    mutations: {
        increment(state) {
            state.count ++
        }
    },
    getters: {
        countText (state) {
            return state.count + "次"
        }
    }
})
```

Getter方法本身也是具有响应性的，当其内部使用的状态发生改变时，其也会触发所绑定组件的更新。在组件中使用store的Getter数据方法如下：

```
<template>
  <h1>计数器1:{{ this.$store.getters.countText }}</h1>
  <button @click="increment">增加</button>
</template>
```

Getter方法中也支持参数的传递，这时需要让其返回一个函数，在组件对其进行使用时非常灵活，例如修改countText方法如下：

```
getters: {
    countText (state) {
        return (s)=>{
            return state.count + s
        }
    }
}
```

通过如下方式对其进行使用即可：

```
this.$store.getters.countText("次")
```

对于Getter方法，Vuex中也提供了一个方法用来将其映射到组件内部的计算属性中，示例如下：

```
<template>
  <h1>计数器1:{{ countText("次") }}</h1>
  <button @click="increment">增加</button>
</template>
<script>
import {mapGetters} from 'vuex'
export default {
  methods: {
    increment() {
      this.$store.commit('increment')
    }
  },
  computed: mapGetters([
    "countText"
  ])
}
</script>
```

13.2.3　Vuex 中的 Mutation

在Vuex中，修改store中的某个状态数据的唯一方法是提交Mutation。Mutation的定义非常简单，我们只需要将数据变动的行为封装成函数，配置在store实例的mutations选项中即可。在前面编写的示例代码中，我们曾使用Mutation来触发计数器数据的自增，定义的方法如下：

```
mutations: {
  increment (state) {
    // 变更状态
    state.count++
  }
}
```

在需要触发此Mutation时，需要调用store实例的commit方法进行提交，其中使用函数名标明要提交的具体修改指令，例如：

```
this.$store.commit('increment')
```

在调用commit方法提交修改的时候，也支持传递参数，如此可以使得Mutation方法变得更加灵活。例如上面的例子，可以将自增的大小作为参数，修改Mutation定义如下：

```
mutations: {
   increment(state, n) {
       state.count += n
   }
}
```

提交修改的相关代码示例如下:

```
this.$store.commit('increment', 2)
```

运行工程,可以发现计数器的自增步长已经变成了2。虽然Mutation方法中参数的类型是任意的,但是我们最好使用对象来作为参数,这样做可以很方便地进行多参数的传递,也支持采用对象的方式进行Mutation方法的提交。例如修改Mutation定义如下:

```
mutations: {
    increment(state, payload) {
        state.count += payload.count
    }
}
```

之后,就可以使用如下风格的代码来进行状态修改的提交了:

```
this.$store.commit({
    type:'increment',
    count:2
})
```

其中,type表示要调用的修改状态的方法名,其他的属性即要传递的参数。

13.2.4　Vuex 中的 Action

Action是我们将要接触到的一个新的Vuex中的核心概念。我们知道,要修改store仓库中的状态数据,需要通过提交Mutable来实现。但是Mutation有一个很严重的问题:其定义的方法必须是同步的,即只能同步地对数据进行修改。在实际开发中,并非所有修改数据的场景都是同步的,例如从网络请求获取数据,之后刷新页面。当然,也可以将异步的操作放到组件内部处理,异步操作结束后再提交修改到store仓库,但这样可能会使本来可以复用的代码要在多个组件中分别编写一遍。Vuex中提供了Action来处理这种场景。

Action与Mutation类似,不同的是,Action并不会直接修改状态数据,而是对Mutation进行包装,通过提交Mutation来实现状态的改变。这样在Action定义的方法中,允许我们包含任意的一步操作。

以前面编写的示例代码为基础,修改store实例的定义如下:

```
const store = createStore({
    state() {
        return {
            count:0
        }
    },
    mutations: {
        increment(state, payload) {
            state.count += payload.count
        }
    },
    actions: {
        asyncIncrement(context, payload) {
```

```
            setTimeout(() => {
                context.commit('increment', payload)
            }, 3000);
        }
    }
})
```

可以看到，actions中定义的asyncIncrement方法实际上是异步的，其中延迟了3秒才进行状态数据的修改。并且，Action本身是可以接收参数的，其第一个参数是默认的，是与store实例有着相同方法和属性的context上下文对象；第二个参数是自定义参数，由开发者定义，这与Mutation的用法类似。需要注意的是，在组件中使用Action时，需要通过store实例对象的dispatch方法来触发，例如：

```
this.$store.dispatch('asyncIncrement', {
    count:2
})
```

对于Action来说，其允许进行异步操作，但是并不是说其必须进行异步操作。在Action中也可以定义同步的方法，只是在这种场景下，其与Mutation的功能完全一样。

13.2.5　Vuex 中的 Module

Module是Vuex进行模块化编程的一种方式。前面我们分析过，在定义store仓库时，无论是其中的状态，还是Mutation和Action行为，都是共享的，可以将其理解为通过store单例来统一管理。在这种情形下，所有的状态都会集中到同一个对象中，虽然使用起来并没有什么问题，但是过于复杂的对象会使阅读和维护变得困难。为了解决此问题，Vuex中引入了Module模块的概念。

Vuex允许我们将store分割成模块，每个模块拥有自己的state、mutations、actions、getters，甚至可以嵌套拥有自己的子模块。我们先来看一个例子。

首先修改main.js文件如下：

```
// 创建应用实例
const app = createApp(App)
// 创建模块
const module1 = {
    state() {
        return {
            count1:7
        }
    },
    mutations: {
        increment1(state, payload) {
            state.count1 += payload.count
        }
    }
}
const module2 = {
    state() {
        return {
```

```
            count2:0
        }
    },
    mutations: {
        increment2(state, payload) {
            state.count2 += payload.count
        }
    }
}
// 创建Vuex仓库store实例
const store = createStore({
    modules:{
        helloWorld1:module1,
        helloWorld2:module2
    }
})
// 注入Vuex的store
app.use(store)
```

如以上代码所示，我们创建了两个模块，两个模块中分别定义了不同的状态和Mutation方法。在使用时，提交Mutation的方式和之前并没有什么不同，在使用状态数据时，则需要区分模块，例如修改HelloWorld.vue文件如下：

```
<template>
  <h1>计数器1:{{ this.$store.state.helloWorld1.count1 }}</h1>
  <button @click="increment">增加</button>
</template>
<script>
export default {
  methods: {
    increment() {
      this.$store.commit({
        type:'increment1',
        count:2
      })
    }
  }
}
</script>
```

修改HelloWorld2.vue文件如下：

```
<template>
  <h1>计数器2:{{ this.$store.state.helloWorld2.count2 }}</h1>
  <button @click="increment">增加</button>
</template>
<script>
export default {
  methods: {
    increment() {
      this.$store.commit({
```

```
                type:'increment2',
                count:2
            })
        }
    }
}
</script>
```

此时，两个组件各使用各自模块内部的状态数据，进行状态修改时，使用的也是各自模块内部的Motation方法，这两个组件从逻辑上实现了模块的分离。

Vuex模块化的本意是store进行拆分和隔离。你可能已经发现了，目前虽然模块中的状态数据进行了隔离，但是实际上Mutation依然是共用的，在触发Mutation的时候，也没有进行模块的区分，如果需要更高的封装度与复用性，可以开启模块的命名空间功能，这样模块内部的Getter、Action以及Mutation都会根据模块的嵌套路径进行命名，实际上实现了模块间的完全隔离。例如修改模块定义如下：

```
const module1 = {
    namespaced: true,
    state() {
        return {
            count1:7
        }
    },
    mutations: {
        increment1(state, payload) {
            state.count1 += payload.count
        }
    }
}
const module2 = {
    namespaced: true,
    state() {
        return {
            count2:0
        }
    },
    mutations: {
        increment2(state, payload, root) {
            state.count2 += payload.count
            root.state.helloWorld1.cont += payload.count
        }
    }
}
```

此时这两个模块在命名空间上实现了分离，需要通过如下方式进行使用：

```
this.$store.commit({
    type:'helloWorld1/increment1',
    count:2
})
```

```
this.$store.commit({
    type:'helloWorld2/increment2',
    count:2
})
```

Vuex中的Module还有一个非常实用的功能,其支持动态注册,这样在编写代码时,我们可以根据实际需要决定是否新增一个Vuex的store模块。要进行模块的动态注册,直接调用store实例的registerModule即可,示例如下:

```
const module2 = {
    namespaced: true,
    state() {
        return {
            count2:0
        }
    },
    mutations: {
        increment2(state, payload, root) {
            state.count2 += payload.count
            root.state.helloWorld1.cont += payload.count
        }
    }
}
// 创建Vuex仓库store实例
const store = createStore({
})
// 动态进行模块的注册
store.registerModule('helloWorld2', module2)
```

13.3　小结与练习

本章介绍了在Vue项目开发中常用的状态管理框架Vuex的应用。有效的状态管理可以帮助我们更加顺畅地开发大型应用。Vuex的状态管理功能主要解决了Vue组件间的通信问题,让跨层级共享数据或平级组件共享数据变得非常容易。

至此,读者应该已经掌握了Vue项目开发中需要的所有技能。后面将通过一些实战项目帮助你更好地对这些技能进行应用。

练习：大多时候,Vuex管理的状态都是全局状态,Vue组件内自己维护的状态是局部状态,请简述它们之间的异同和适用的场景。

温馨提示：可以从数据本身的用途方面进行思考。

第14章

项目演练一：开发一个文档学习网站

截至目前，我们已经学习了大量Vue项目开发的基础知识和实用技能，你有没有想过将这些知识整理成册，以便日后的复习和查阅？现在已经是互联网时代，人们已经越来越少地使用纸质笔记，更多采用电子文档的方式来学习和记录。本章学以致用，尝试使用Vue来开发一个学习网站。当然，学习网站的核心内容就是记录你的Vue学习心得。

14.1 网站框架的搭建

首先来分析一下想要搭建的学习网站的基本结构。我们计划把本书学习的内容分成几个大的专题，例如HTML专题、CSS专题、JavaScript专题、Vue专题、Element Plus专题等，每个专题下又可以记录很多篇学习笔记，从页面结构上，可以使用头部导航来布局大专题，侧边栏来布局每个专题下的文章目录，页面的主体部分用来展示文章的详情。

使用如下指令新建一个Vue应用：

```
vue create study
```

在新建项目的过程中，要求我们选择使用的Vue版本，选择Vue 3即可。创建完成后，在新创建的项目目录下分别执行如下指令来安装所需要使用的依赖：

```
npm install element-plus --save
npm install --save axios vue-axios
```

上面两个框架是开发Vue项目的标配，安装完成后，可以查看package.json文件，观察其是否全部安装成功，其中的dependencies选项示例如下：

```
"dependencies": {
  "core-js": "^3.6.5",
```

```
    "element-plus": "^1.0.2-beta.70",
    "vue": "^3.0.0",
    "axios": "^0.21.1",
    "vue-axios": "^3.2.5",
}
```

由于本实验项目的页面结构比较简单,我们暂时无须使用Vue Router和Vuex模块。

将工程模板中默认的main.js文件修改如下:

```
import { createApp } from 'vue'
import App from './App.vue'
// 导入ElementPlus框架
import ElementPlus from 'element-plus';
// 导入ElementPlus所需的CSS样式表
import 'element-plus/lib/theme-chalk/index.css';
// 注入Vue App
const app = createApp(App)
app.use(ElementPlus)
app.mount('#app')
```

本节只做UI框架的搭建,暂不引入其他模块。在工程的components文件夹下新建一些组件文件,用来支持网站的页面框架。

在components文件夹下新建一个名为Header.vue的文件,用来作为页面头部导航组件,在其中编写代码如下:

```
<template>
  <el-container style="margin: 0; padding: 0">
    <el-header style="margin: 0; padding: 0">
      <div id="title">Vue学习笔记</div>
    </el-header>
    <el-main style="margin: 0; padding: 0">
      <el-menu
        mode="horizontal"
        background-color="#e8e7e3"
        text-color="#777777"
        active-text-color="#000000"
        :default-active="0"
      >
        <el-menu-item
          v-for="item in items"
          :index="item.index"
          :key="item.index"
        >
          <div id="text">{{ item.title }}</div>
        </el-menu-item>
      </el-menu>
    </el-main>
  </el-container>
</template>
<script>
```

```
export default {
  props: ["items"],
};
</script>
<style scoped>
#title {
  color: brown;
  font-size: 40px;
  font-weight: bold;
  font-family: Georgia, "Times New Roman", Times, serif;
}
#text {
  font-size: 20px;
}
</style>
```

此组件通过外部传入的items属性来进行导航元素的布局，十分简单。在components文件夹下再新建一个名为Body.vue的文件，用来作为网页的核心内容模块，其中包含两部分：侧边栏部分和文章主体部分。在其中编写代码如下：

```
<template>
  <el-container style="height: 100%">
    <el-aside width="200px" style="background-color: #f1f1f1">
      <div></div>
      <el-menu
        mode="vertical"
        background-color="#f1f1f1"
        text-color="#777777"
        active-text-color="#000000"
        :default-active="0"
      >
        <el-menu-item
          v-for="item in items"
          :index="item.index"
          :key="item.index"
        >
          <div id="text">{{ item.title }}</div>
        </el-menu-item>
      </el-menu>
    </el-aside>
    <el-main>
    </el-main>
  </el-container>
</template>
<script>
export default {
  props: ["items"],
  components: {
  },
};
```

```
</script>
<style scoped>
.el-menu-item.is-active {
  background-color: #ffffff !important;
}
</style>
```

准备好了组成页面的框架元素，下面只需要将其拼装在一起即可。在components文件夹下新建一个名为Home.vue的文件，其用来组装Header和Body组件，编写代码如下：

```
<template>
  <el-container id="container">
    <el-header style="width: 100%" height="120px">
      <Header :items="navItems"></Header>
    </el-header>
    <el-main>
      <Body :items="bodyItems"></Body>
    </el-main>
    <el-footer>
      <div id="footer">{{ desc }}</div>
    </el-footer>
  </el-container>
</template>
<script>
import Header from "./Header.vue";
import Body from "./Body.vue";
export default {
  components: {
    Header: Header,
    Body: Body,
  },
  data() {
    return {
      navItems: [
        {
          index: 0,
          title: "HTML专题",
        },
        {
          index: 1,
          title: "CSS专题",
        },
      ],
      bodyItems: [
        {
          index: 0,
          title: "HTML简介",
        },
        {
          index: 1,
          title: "HTML编辑器",
```

```
      },
    ],
    desc: "版权所有,仅限学习使用,禁止传播!",
   };
  },
};
</script>
<style scoped>
#container {
  margin-left: 150px;
  margin-right: 150px;
  margin-top: 30px;
  height: 800px;
}
#footer {
  text-align: center;
  background-color: bisque;
  height: 40px;
  line-height: 40px;
  color: #717171;
}
</style>
```

如以上代码所示,我们添加了一些测试数据。到此,已经将一个学习网站的页面基本搭建完成。修改App.vue代码如下:

```
<template>
  <Home></Home>
</template>
<script>
import Home from "./components/Home.vue";
export default {
  name: "App",
  components: {
    Home: Home,
  },
};
</script>
```

运行此Vue工程,效果如图14-1所示。

图14-1　Vue学习网站的UI框架搭建

14.2 配置专题与文章目录

上一节已经完成了网站页面的框架搭建,现在我们尝试使用配置化的方式来整理专题和文章。首先,我们计划将学习笔记采用Markdown格式进行记录,这个静态的文章都将放在Vue工程的public目录下,以方便项目的访问。在整理文章时,采用二级目录结构,即在public文件夹下先新建一个名为post的文件,在post文件夹下再创建新的文件夹,这些文件夹的名称就是各个专题的名称,在每个专题文件夹下创建Markdown文件用来记录笔记。创建完成后的结构如图14-2所示。

图 14-2 文章数据的目录结构

在src文件夹下新建一个名为tools的文件夹,用来存放一些JavaScript工具文件,在其中创建一个名为FileManager.js的文件,来做项目数据配置工作。编写代码如下:

```
import axios from "axios";
const FileManager = {
    path:process.env.BASE_URL + "post/", // 项目public文件夹下的post文件夹路径
    // 获取所有的主题栏目,后续增加可以继续配置
    getAllTopic: function() {
        return [
            "HTML专题",
            "JavaScript专题"
        ]
    },
    // 获取某个主题下的所有文章,后续增加可以继续配置
    getPosts: function(topic) {
        switch (topic) {
            case 0:
                return ["文本标签","HTML基础元素"];
            case 1:
                return ["方法与属性","语句与数据类型"]

        }
    },
    // 获取某个文章的详细内容
    getPostContent: function(topicName, postName) {
```

```
            let url = this.path + topicName + '/' + postName + '.md';
            return new Promise((res, rej)=>{
                axios.get(url).then((response) => {
                    console.log(response.data)
                    res(response)
                },rej)
            })
        }
    }
export default FileManager
```

如以上代码所示,当获取到文章的具体存放路径后,可以直接使用axios来获取文章数据。

当我们单击网页上的某个导航专题时,侧边栏对应的文章目录也需要进行联动改变。首先修改Header.vue组件,为其中的导航菜单增加一个回调事件,代码如下:

```
<el-menu
  mode="horizontal"
  background-color="#e8e7e3"
  text-color="#777777"
  active-text-color="#000000"
  :default-active="0"
  @select="selectItem"
>
  <el-menu-item
    v-for="item in items"
    :index="item.index"
    :key="item.index"
  >
    <div id="text">{{ item.title }}</div>
  </el-menu-item>
</el-menu>
```

实现此selectItem方法的代码如下:

```
selectItem(index) {
  this.$emit('selected', index)
}
```

此处采用自定义事件将组件内部的导航切换事件传递到父组件中,修改Home.vue文件中Header组件的配置如下:

```
<Header :items="navItems" v-on:selected="changeSelected"></Header>
```

下面只需要从FileManager中读取数据,并通过状态来时头部导航栏和侧边栏保持联动即可。Home组件的核心逻辑代码如下:

```
<script>
import Header from "./Header.vue";
import Body from "./Body.vue";
import FM from "../tools/FileManager.js"
export default {
  mounted () {
```

```js
          FM.getPostContent('HTML专题','文本标签').then((res)=>{
            console.log(res)
          })
    },
    components: {
      Header: Header,
      Body: Body,
    },
    data() {
      return {
        navItems: FM.getAllTopic().map((item,ind)=>{
          return {
            index:ind,
            title:item
          }
        }),
        desc: "版权所有, 仅限学习使用, 禁止传播!",
        currentTopicIndex:0
      };
    },
    methods: {
      changeSelected(index) {
        this.currentTopicIndex = index
      }
    },
    computed : {
      bodyItems() {
        return FM.getPosts(this.currentTopicIndex).map((item,ind)=>{
          return {
            index:ind,
            title:item
          }
        })
      }
    }
};
</script>
```

运行代码，尝试单击切换导航栏上的专题。可以看到，侧边栏已经可以根据选择的专题进行联动更新了。下一节将尝试把文章的内容渲染到网页的主体部分。

14.3 渲染文章笔记内容

现在，我们已经将此学习网站的整体页面结构开发完成了，并且也可以通过Axios来获取本地的文章数据，这里的文章都采用Markdown格式来编写。Markdown是一种轻量级的标记语言，由于其易读易写的特点，已经成为目前非常流行的文档编写方式。更酷的是，我们通过marked库可以方便地将Markdown格式的文档转换成HTML文档。

首先，使用如下命令为Vue工程安装marked工具库：

```
npm install marked -S
```

安装完marked工具库后，在工程的components文件夹下新建一个名为Markdown.vue的文件，在其中编写如下代码：

```vue
<template>
  <p v-html="data"></p>
</template>
<script>
// 引入marked库
import marked from "marked";
export default {
  // 提供外部属性来设置内容
  props:["content"],
  computed: {
    data() {
      // 计算属性，将外部设置的文章markdown内容转换成HTML
      return marked(this.content);
    },
  },
};
</script>
```

你还记得吗，Vue中的v-html可以将设置的HTML文档直接解析渲染到页面中。下面我们修改Body.vue文件，为其侧边栏导航增加选中事件，并通过属性侦听器来实时刷新展示的文章内容。完整的Body组件代码如下：

```vue
<template>
  <el-container style="height: 100%">
    <el-aside width="200px" style="background-color: #f1f1f1">
      <div></div>
      <el-menu
        mode="vertical"
        background-color="#f1f1f1"
        text-color="#777777"
        active-text-color="#000000"
        :default-active="0"
        @select="selectItem"
      >
        <el-menu-item
          v-for="item in items"
          :index="item.index"
          :key="item.index"
        >
          <div id="text">{{ item.title }}</div>
        </el-menu-item>
      </el-menu>
    </el-aside>
```

```
    <el-main>
      <Markdown :content="content"></Markdown>
    </el-main>
  </el-container>
</template>
<script>
import Markdown from "./Markdown.vue";
import FileManager from '../tools/FileManager.js'
export default {
  mounted () {
    // 组件挂载的时候，加载默认的首篇文章
    FileManager.getPostContent(this.topic,
this.items[this.currentIndex].title).then((res)=>{
      this.content = res.data;
    })
  },
  // topic为当前选中的专题名称
  props: ["items","topic"],
  data() {
    return {
      // 在侧边栏上选中当前的文章
      currentIndex:0,
      // 文档的Markdown内容
      content:""
    }
  },
  components: {
    Markdown: Markdown,
  },
  methods: {
    selectItem(index) {
      this.currentIndex = index
    }
  },
  watch: {
    // 监听选中的文章变化
    currentIndex: function(val) {
        FileManager.getPostContent(this.topic,
this.items[val].title).then((res)=>{
          this.content = res.data;
        })
    },
    // 监听选中的主题变化
    topic: function(val) {
        FileManager.getPostContent(val,
this.items[this.currentIndex].title).then((res)=>{
          this.content = res.data;
        })
    }
  }
```

```
    };
</script>
<style scoped>
.el-menu-item.is-active {
  background-color: #ffffff !important;
}
</style>
```

至此，我们已经基本完成了"学习笔记网站"的核心内容。下面给出Home.vue组件的完整逻辑代码：

```
<template>
  <el-container id="container">
    <el-header style="width: 100%" height="120px">
      <Header :items="navItems" v-on:selected="changeSelected"></Header>
    </el-header>
    <el-main>
      <Body :items="bodyItems" :topic="navItems[currentTopicIndex].title"></Body>
    </el-main>
    <el-footer>
      <div id="footer">{{ desc }}</div>
    </el-footer>
  </el-container>
</template>
<script>
import Header from "./Header.vue";
import Body from "./Body.vue";
import FM from "../tools/FileManager.js"
export default {
  components: {
    Header: Header,
    Body: Body,
  },
  data() {
    return {
      navItems: FM.getAllTopic().map((item,ind)=>{
        return {
          index:ind,
          title:item
        }
      }),
      desc: "版权所有，仅限学习使用，禁止传播！",
      currentTopicIndex:0,
    };
  },
  methods: {
    changeSelected(index) {
      this.currentTopicIndex = index
    }
  },
```

```
  computed : {
    bodyItems() {
      return FM.getPosts(this.currentTopicIndex).map((item,ind)=>{
        return {
          index:ind,
          title:item
        }
      })
    }
  }
};
</script>
```

运行此Vue项目，效果如图14-3所示。

图 14-3　学习笔记网站效果图

14.4　小结与练习

本章完成了一个文档网站的开发，这个网站项目相对来说比较简单，并没有使用Vue的大部分功能，你可以把这个网站作为练习项目。下一章将介绍一个商业项目，以进一步提升读者的实际开发技能。

尝试练习本项目，并多添加一些笔记文章，这既是对本书学习过程的一种总结和记录，也能方便在日后使用到的时候进行快速查阅。更重要的是，可以将此网站分享给志同道合的伙伴共同学习，共同进步。

练习：本章最终实现的应用并不完善，发挥你的产品设计和开发能力，将它再完善一下吧！
温馨提示：可以尝试增加文章导出功能，添加评论与备注功能等。

第15章

项目演练二：电商后台管理系统实战

在前面的章节中，我们实战练习了开发一个个人学习笔记网站的项目。相比成熟的商业项目，此学习网站项目尚显稚嫩，并且所使用的Vue技术也不够全面，页面的结构也不算复杂。本章将真正尝试一款大型商业项目的开发，使用Vue来完成一款功能完整的电商管理后台系统。

本电商系统包含用户登录、订单管理、商品管理、店长管理、财务管理和基础设置管理6大模块。本次实战项目不涉及真实的商业数据，我们将采用测试数据进行页面展示的演示，用户的登录也采用本地模拟的方式进行，不进行有效性校验。

15.1 用户登录模块开发

后台管理系统需要管理员权限才能进行操作，因此用户登录是必不可少的一个模块。在未登录状态下，后台管理系统的所有功能都应该是不可用的，对于这种场景，我们可以通过路由前置守卫来处理。

15.1.1 项目搭建

首先，新建一个Vue工程，在终端执行如下示例命令：

```
vue create shop-admin
```

在创建工程的过程中，需要选择所使用的Vue版本，我们选择3.x版本即可。

在终端进入创建的工程目录下，执行如下命令来安装路由与状态管理模块：

```
npm install vue-router@4 --save
npm install vuex@next --save
```

安装完成后，检查package.json文件中的依赖选项是否正确添加了Vue Router和Vuex模块。确认无误后，开始工程项目基础入口的处理。

默认生成的Vue项目中有一个HelloWorld.vue文件，可以直接将此文件删掉。在components文件夹下新建两个子文件夹，分别命名为home和login，在home文件夹下新建一个名为Home.vue的文件，在login文件夹下新建一个名为Login.vue的文件。Home组件用来渲染管理系统的主页，Login组件用来渲染用户登录页面，为了显示方便，我们先简单实现这两个组件，代码如下：

Home:

```
<template>
    主页
</template>
<script>
export default {
    name:"Login"
}
</script>
```

Login:

```
<template>
    登录页面
</template>
<script>
export default {
    name:"Login"
}
</script>
```

下面对项目的入口做一些管理，由于此后台系统的任何功能页面都需要登录后操作，因此需要使用路由来进行全局的页面管理，在每次页面跳转前都检查当前的用户登录状态，如果是未登录状态，则将页面重定向到登录页面。在工程的src文件夹下新建一个名为tools的文件夹，在tools文件夹下新建一个名为Storage.js的文件，此文件用来进行全局状态配置，编写代码如下：

```
import { createStore } from 'vuex'
const Store = createStore({
    state () {
        return {
            userName:"",
            userPassword:"",
        }
    },
    getters: {
        isLogin: (state) => {
            return state.userName.length > 0
        }
    }
})
export default Store;
```

如以上代码所示，模拟登录后，我们会将用户输入的用户名和密码进行存储，只要有用户名存在，就认为当前用户已经登录。当然，这只是方便我们学习的一种模拟登录方式，在实际的业务开发中，当用户输入了用户名和密码后会请求后端服务接口，接口会返回用户的身份认证标识token，真实的应用程序中会通过token来判定用户的登录状态。

在tools文件夹下新建一个名为Router.js的文件，用来进行路由配置。编写代码如下：

```
import { createRouter, createWebHashHistory } from 'vue-router'
import Login from '../components/login/Login.vue'
import Home from '../components/home/Home.vue'
import Store from '../tools/Storage'
const Router = createRouter({
    history:createWebHashHistory(),
    routes:[
        {
            path:'/login',
            component:Login,
            name:"login"
        },
        {
            path:'/home',
            component:Home,
            name:"home"
        }
    ]
})
Router.beforeEach((from) => {
    let isLogin = Store.getters.isLogin;
    if (isLogin || from.name == 'login') {
        return true;
    } else {
        return {name: 'login'}
    }
})
export default Router;
```

在上面的代码中，我们暂时只配置了两个路由，分别对应管理后台的主页和用户登录页，并且使用全局的前置守卫进行页面跳转前的登录状态校验。

修改App.vue文件如下，为其添加路由的渲染出口：

```
<template>
  <router-view></router-view>
</template>
<script>
export default {
  name: 'App',
}
</script>
```

最后，在main.js文件中完成基本的初始化工作，代码如下：

```
import { createApp } from 'vue'
import Router from './tools/Router'
import Store from './tools/Storage'
import App from './App.vue'
const app = createApp(App)
app.use(Router)
app.use(Store)
app.mount('#app')
```

至此，我们已经创建了后台管理系统项目的入口框架。运行代码，无论输入怎样的页面路径，页面都会被重定向到登录页面，如图15-1所示。后面再来完善登录页面的展示和功能。

图 15-1　后台管理系统入口框架

15.1.2　用户登录页面的开发

涉及Vue项目的页面开发，离不开Element Plus组件库，先为当前Vue项目引入Element Plus模块：

```
npm install element-plus --save
```

在main.js文件中添加Element Plus模块的相关初始化代码：

```
import ElementPlus from 'element-plus'
import 'element-plus/lib/theme-chalk/index.css';
const app = createApp(App)
app.use(ElementPlus)
app.mount('#app')
```

注意，别忘了引入Element Plus对应的CSS样式文件。做完这些后，可以正式开始用户登录页面的开发。

首先修改Storage.js文件，为其添加两个修改用户状态的方法，代码如下：

```
const Store = createStore({
```

```
    state () {
        return {
            userName:"",
            userPassword:"",
        }
    },
    getters: {
        isLogin: (state) => {
            return state.userName.length > 0
        }
    },
    mutations: {
        clearUserInfo(state) {
            state.userName = "";
            state.userPassword = "";
        },
        registUserInfo(state,{name, password}) {
            state.userName = name;
            state.password = password;
        }
    }
})
```

后面会通过store对象提交clearUserInfo和registUserInfo这两个操作来模拟用户的注销和登录动作。

在Login.vue组件中完善用户登录页面，完整代码如下：

```
<template>
    <div id="container">
        <div id="title">
            <h1>电商后台管理系统</h1>
        </div>
        <div class="input">
            <el-input v-model="name" prefix-icon="el-icon-user" placeholder="请输入用户名"></el-input>
        </div>
        <div class="input">
            <el-input v-model="password" prefix-icon="el-icon-lock" placeholder="请输入密码" show-password></el-input>
        </div>
        <div class="input">
            <el-button @click="login" style="width:500px" type="primary" :disabled="disabled">登录</el-button>
        </div>
    </div>
</template>
<script>
import Storage from '../../tools/Storage'
import { ElMessage } from 'element-plus';
export default {
```

```
    name:"Login",
    data() {
        return {
            name:"",
            password:""
        }
    },
    computed: {
        disabled(){
            return this.name.length == 0 || this.password.length == 0;
        }
    },
    methods: {
        login() {
            Storage.commit("registUserInfo",{
                name:this.name,
                password:this.password
            })
            ElMessage({
                message:'登录成功',
                type:'success',
                duration:3000
            })
            setTimeout(() => {
                this.$router.push({name:"home"})
            }, 3000);
        }
    }
}
</script>
<style scoped>
#container {
    background: #595959;
    background-image: url("~@/assets/login_bg.jpg");
    height: 100%;
    width: 100%;
    position: absolute;
}
#title {
    text-align: center;
    color: azure;
    margin-top: 200px;
}
.input {
    margin: 20px auto;
    width: 500px;
}
</style>
```

此用户登录页面本身并不复杂，当登录成功后，我们让路由跳转到后台管理系统的主页。需要注意，上面的代码中使用到的背景图片素材放在Vue工程的assets文件夹下，你可以将其替换成任意喜欢的背景。运行工程，效果如图15-2所示。

图15-2 开发完成的用户登录页面

可以尝试输入任意的用户名和密码，单击"登录"按钮后会执行登录操作，页面会跳转到后台管理系统的首页。当然，目前管理后台的主页还没有任何内容，下一节再来进行主页的开发。

15.2 项目主页搭建

前面完成了电商管理后台的登录页面，本节我们来搭建管理系统的主页框架。

15.2.1 主页框架搭建

总体来说，电商后台管理系统还是略显复杂的，其包含商品管理、订单管理、店铺管理等多个管理模块，我们可以通过嵌套路由的方式来管理主页中的管理模块。首先在Router.js文件中修改路由的定义，新增订单管理模块的路由如下：

```
{
    path:'/home',
    component:Home,
    name:"home",
    children:[
        {
            path:'order/:type',// 0是普通订单，1是秒杀订单
            component:Order,
            name:"Order"
        }
    ],
    redirect:'/home/order/0'
}
```

对于订单模块，参数type用来区分类型，本电商后台管理系统支持普通订单和秒杀订单两种商品订单。当用户登录完成后，访问系统主页时，我们默认将其重定向到订单模块。

电商系统的主页中需要包含一个侧边栏菜单和一个主体功能模块。侧边栏用来进行主体功能模块的切换，修改Home.vue中的模板代码如下：

```
<template>
    <el-container id="container">
        <el-aside width="250px">
            <el-container id="top">
                <img style="width:25px;height:25px;margin:auto;margin-right:0;" src="~@/assets/logo.png"/>
                <div style="margin:auto;margin-left:10px;color:#ffffff;font-size:17px">
                    电商后台管理
                </div>
            </el-container>
            <el-menu
            :default-active="$route.path"
            style="height:100%"
            background-color="#545c64"
            text-color="#fff"
            active-text-color="#ffd04b"
            @select="selectItem">
            <el-submenu index="1">
                <template #title>
                <i class="el-icon-s-order"></i>
                <span>订单管理</span>
                </template>
                <el-menu-item index="/home/order/0">普通订单</el-menu-item>
                <el-menu-item index="/home/order/1">秒杀订单</el-menu-item>
            </el-submenu>
            <el-submenu index="2">
                <template #title>
                <i class="el-icon-s-shop"></i>
                <span>商品管理</span>
                </template>
                <el-menu-item index="/home/goods/0">普通商品</el-menu-item>
                <el-menu-item index="/home/goods/1">秒杀商品</el-menu-item>
                <el-menu-item index="/home/goods/2">今日推荐</el-menu-item>
                <el-menu-item index="/home/category">商品分类</el-menu-item>
            </el-submenu>
            <el-submenu index="3">
                <template #title>
                <i class="el-icon-s-custom"></i>
                <span>店长管理</span>
                </template>
                <el-menu-item index="/home/ownerlist">店长列表</el-menu-item>
                <el-menu-item index="/home/ownerreq">店长申请审批列表
```

```
</el-menu-item>
            <el-menu-item index="/home/ownerorder">店长订单</el-menu-item>
        </el-submenu>
        <el-submenu index="4">
            <template #title>
            <i class="el-icon-s-ticket"></i>
            <span>财务管理</span>
            </template>
            <el-menu-item index="/home/tradeinfo">交易明细</el-menu-item>
            <el-menu-item index="/home/tradelist">财务对账单</el-menu-item>
        </el-submenu>
        <el-submenu index="5">
            <template #title>
            <i class="el-icon-s-tools"></i>
            <span>基础管理</span>
            </template>
            <el-menu-item index="/home/data">数据统计</el-menu-item>
        </el-submenu>
        </el-menu>
    </el-aside>
    <el-main>
        <!-- 这里用来渲染具体的功能模块 -->
        <router-view></router-view>
    </el-main>
    </el-container>
</template>
```

如以上代码所示,在侧边栏导航中,我们将所有包含的功能模块都添加了进来,不同的功能模块以对应不同的组件,后面只需要逐个模块地进行开发即可。需要注意,为了保证导航栏的选中栏目与当前页面路由相匹配,我们将导航item的index设置为路由的path,并将el-menu组件的default-active属性绑定到当前路由的path属性上,这样就自动实现了联动效果,非常方便。

在components文件夹下新建一个名为order的子文件夹,并在其内新建一个名为Order.vue的文件,用来简单演示本节所编写代码的效果。在Order.vue文件中编写如下代码:

```
<template>
    <h1>{{$route.path}}:{{this.$route.params}}</h1>
</template>
<script>
export default {
}
</script>
```

将此组件在Router.js文件中进行引用。运行工程代码,效果如图15-3所示。

现在,我们已经完成了管理系统的框架搭建,后面在进行具体功能模块开发时,只需要专注于各个模块组件内部的逻辑即可。

图 15-3　后台管理系统框架搭建

15.2.2　完善注销功能

上一节我们已经将后台管理系统的主页部分基本搭建完成了，但是还有一个细节尚未完善：缺少用户注销的功能。本节将此功能补充完善。关于模拟登录与注销操作的方法，之前在Storage.js文件中已经有了封装，我们只需要在主页添加一个公用的头视图，在其中布局一个注销按钮即可。

修改Home.vue文件中的el-main组件如下：

```
<el-main style="padding:0">
    <!-- 添加一个通用的头部 -->
    <el-header style="margin:0;padding:0;" height="80px">
      <el-container style="background-color:blanchedalmond;margin:0;padding:0;height:80px">
          <div style="margin: auto;margin-left:100px"><h1>欢迎您登录后台管理系统，管理员用户！</h1></div>
          <div style="margin: auto;margin-right:50px"><el-button type="primary" @click="logout">注销</el-button></div>
      </el-container>
    </el-header>
    <!-- 这里用来渲染具体的功能模块 -->
    <router-view></router-view>
</el-main>
```

logout方法的实现如下：

```
logout() {
   Storage.commit('clearUserInfo');
   this.$router.push({name:'login'})
}
```

运行工程，可以看到主体功能模块的上方已经添加了一个公用的头视图，单击其中的注销按钮会清空登录数据，返回登录页面，如图15-4所示。

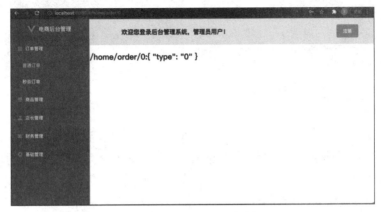

图15-4　添加用户注销功能

15.3　订单管理模块的开发

本节将开发电商后台管理系统中的第一个功能模块：订单管理模块。由于此实战项目不包含后端和数据库相关功能，为了完整地完成前端功能，我们将采用模拟数据来进行逻辑演示。

15.3.1　使用 Mock.js 进行模拟数据的生成

Mock.js是一款小巧的JavaScript模拟数据生成器，在Vue项目中，我们可以使用其生成随机数据，方便实现前端开发过程中的调试页面功能。首先安装Mock.js模块：

```
npm install mockjs --save
```

安装完成后，在项目的src文件夹下新建一个名为mock的子文件夹，在其中新建一个名为Mock.js的文件，编写代码如下：

```
import mockjs from "mockjs";
const Mock = {
    // 模拟获取订单数据
    // type: 订单类型，0为普通订单，1为秒杀订单
    getOrder(type) {
        let array = [];
        for (let i = 0; i < mockjs.Random.integer(5,10); i ++) {
            array.push(mockjs.mock({
                'name':type == 0 ? '普通商品 ' : "秒杀商品" + i,
                'price':mockjs.Random.integer(20,500) + '元',
                'buyer':mockjs.Random.cname(),
                'time':mockjs.Random.datetime('yyyy-MM-dd A HH:mm:ss'),
                'role':mockjs.Random.boolean(),
```

```
                'state':mockjs.Random.boolean(),
                'payType':mockjs.Random.boolean(),
                'source':mockjs.Random.url(),
                'phone':mockjs.mock(/\d{11}/)
            }))
        }
        return array;
    }
}
export default Mock;
```

如以上代码所示，提供了一个获取订单列表的getOrder方法，此方法将返回生成的模拟数据。关于Mock.js模块的使用语法，本书中不再详细介绍，读者只需要了解通过上面的方法将返回一组模拟的订单数据即可。

现在，尝试运行此项目，在控制台打印getOrder方法返回的数据，可以体会到Mock.js模块的强大之处。

15.3.2 编写工具类与全局样式

在编写具体的功能模块前，可以先分析一下这些功能模块是否有通用的部分。某些样式是可以通用的，例如容器样式、输入框样式等，可以将这些可通用的样式定义为全局样式，这样在之后编写其他功能模块时就会方便很多。另外，对于一些工具方法，也可以将其整合到一个单独的JavaScript模块中，方便复用。

首先在App.vue文件中编写如下样式代码，这些CSS样式都是全局生效的：

```
<style>
body {
  height: 100%;
  width: 100%;
  position: absolute;
  margin: 0;
  padding: 0;
  background-color: #f1f1f1;
}
.content-container {
  background-color: white;
  padding: 20px;
  margin: 20px;
  border-radius: 10px;
  min-width:1200px;
  display:inline-block;
  width:90%;
}
.input-tip {
  margin: 0 10px;
  line-height: 40px;
}
```

```
.input-field {
  margin-right: 40px;
}
.content-row {
  margin-bottom: 20px;
}
</style>
```

后面在编写HTML模板时,对于这些通用的样式直接使用即可。

在工程的tools文件夹下新建一个名为Tools.js的文件,编写代码如下:

```
const Tools = {
    // 导出文件
    exportJson(name, data) {
        var blob = new Blob([data]); // 创建 blob 对象
        var link = document.createElement("a");
        link.href = URL.createObjectURL(blob); // 创建一个 URL 对象并传给a元素的href
        link.download = name; // 设置下载的默认文件名
        link.click();
    }
}
export default Tools;
```

我们暂时只实现一个导出JSON文件的方法,在订单管理模块的订单导出相关功能中会使用这个方法。

15.3.3　完善订单管理页面

前面已经做完了所需的准备工作,要完成订单管理页面,剩下的无非是搭建HTML模板结构,将数据绑定到对应的页面元素上,最后为可交互的页面元素绑定事件,实现事件函数。Order.vue文件中完整的示例代码如下:

```
<template>
    <div class="content-container" direction="vertical">
        <!-- input -->
        <div>
            <el-container class="content-row">
                <div class="input-tip">
                    商品名称:
                </div>
                <div class="input-field">
                    <el-input v-model="queryParam.good"></el-input>
                </div>
                <div class="input-tip">
                    收货人:
                </div>
                <div class="input-field">
                    <el-input v-model="queryParam.consignee"></el-input>
```

```html
                </div>
                <div class="input-tip">
                    支付时间：
                </div>
                <div class="input-field">
                    <el-date-picker
                        type="daterange"
                        range-separator="至"
                        start-placeholder="开始日期"
                        end-placeholder="结束日期"
                        v-model="queryParam.payTime">
                    </el-date-picker>
                </div>
            </el-container>
            <el-container class="content-row">
                <div class="input-tip">
                    用户名称：
                </div>
                <div class="input-field">
                    <el-input v-model="queryParam.name"></el-input>
                </div>
                <div class="input-tip">
                    手机号：
                </div>
                <div class="input-field">
                    <el-input v-model="queryParam.phone"></el-input>
                </div>
                <div class="input-tip">
                    发货时间：
                </div>
                <div class="input-field">
                    <el-date-picker
                        type="daterange"
                        range-separator="至"
                        start-placeholder="开始日期"
                        end-placeholder="结束日期"
                        v-model="queryParam.sendTime">
                    </el-date-picker>
                </div>
            </el-container>
        </div>
        <div class="content-row">
            <el-container>
                <el-button type="primary" @click="requestData">筛选</el-button>
                <el-button type="danger" @click="clear">清空筛选</el-button>
                <el-button type="primary" @click="exportData">导出</el-button>
                <el-button type="primary" @click="dispatchGoods">批量发货</el-button>
                <el-button type="primary" @click="exportDispatchGoods">下载批量发货样单</el-button>
```

```html
            </el-container>
        </div>
        <!-- list -->
        <div>
            <el-tabs type="card" @tab-click="handleClick">
                <el-tab-pane label="全部"></el-tab-pane>
                <el-tab-pane label="未支付"></el-tab-pane>
                <el-tab-pane label="已支付"></el-tab-pane>
                <el-tab-pane label="待发货"></el-tab-pane>
                <el-tab-pane label="已发货"></el-tab-pane>
                <el-tab-pane label="支付超时"></el-tab-pane>
            </el-tabs>
            <el-table
                ref="multipleTable"
                :data="orderList"
                tooltip-effect="dark"
                style="width: 100%"
                @selection-change="handleSelectionChange">
                <el-table-column
                    type="selection"
                    width="55">
                </el-table-column>
                <el-table-column
                    label="商品"
                    width="100"
                    prop="name">
                </el-table-column>
                <el-table-column
                    label="总价/数量"
                    width="100"
                    prop="price">
                </el-table-column>
                <el-table-column
                    label="买家信息"
                    width="100"
                    prop="buyer">
                </el-table-column>
                <el-table-column
                    label="交易时间"
                    width="200"
                    prop="time">
                </el-table-column>
                <el-table-column
                    label="分销信息"
                    width="100"
                    >
                    <template #default="scope">
                        <el-tag size="medium" :type="scope.row.role ? '' : 'info'">{{ scope.row.role ? '经理' : '分销员' }}</el-tag>
                    </template>
```

```html
                </el-table-column>
                <el-table-column
                    label="状态"
                    width="100">
                    <template #default="scope">
                        <el-tag size="medium" :type="scope.row.state ? 'success' : 'danger'">{{ scope.row.state ? '已完成' : '未完成' }}</el-tag>
                    </template>
                </el-table-column>
                <el-table-column
                    label="操作"
                    width="200">
                    <template #default="scope">
                        <el-button size="mini" type="danger" @click="deleteItem(scope.$index)">删除</el-button>
                        <el-button size="mini" type="primary" @click="callUser(scope.row)">联系客户</el-button>
                    </template>
                </el-table-column>
                <el-table-column
                    label="支付方式"
                    width="100">
                    <template #default="scope">
                        <el-tag size="medium">{{ scope.row.payType ? '微信' : '支付宝' }}</el-tag>
                    </template>
                </el-table-column>
                <el-table-column
                    label="来源"
                    width="200"
                    prop="source">
                </el-table-column>
            </el-table>
        </div>

    </div>
</template>
<script>
import Mock from '../../mock/Mock'
import Tools from '../../tools/Tools'
export default {
    data() {
        return {
            // 订单列表数据
            orderList:[],
            // 筛选订单的参数
            queryParam:{
                good:"",
                consignee:"",
                phone:"",
```

```js
            name:"",
            payTime:"",
            sendTime:""
        },
        // 当前选中的订单对象
        multipleSelection:[]
    }
},
mounted () {
    this.orderList = Mock.getOrder(this.$route.params.type);
},
// 路由更新时刷新数据
beforeRouteUpdate (to) {
    this.orderList = Mock.getOrder(to.params.type);
},
methods : {
    // 模拟请求数据
    requestData() {
        this.$message({
            type:'success',
            message:'筛选请求参数：' + JSON.stringify(this.queryParam)
        })
        this.orderList = Mock.getOrder(this.$route.params.type);
    },
    // 切换tab 刷新数据
    handleClick(tab) {
        this.$message({
            type:'success',
            message:'切换tab刷新数据：' + tab.props.label
        })
        this.orderList = Mock.getOrder(this.$route.params.type);
    },
    // 清空筛选项
    clear() {
        this.queryParam = {
            good:"",
            consignee:"",
            phone:"",
            name:"",
            payTime:"",
            sendTime:""
        }
        this.orderList = Mock.getOrder(this.$route.params.type);
    },
    // 导出订单
    exportData() {
        Tools.exportJson('订单.json', JSON.stringify(this.orderList));
    },
    // 导出选中的发货单
    exportDispatchGoods() {
```

```
            Tools.exportJson('发货单.json',
JSON.stringify(this.multipleSelection));
        },
        // 处理多选
        handleSelectionChange(val) {
            this.multipleSelection = val;
        },
        // 进行发货
        dispatchGoods() {
            this.$message({
                type:'success',
                message:'发货商品：' + JSON.stringify(this.multipleSelection)
            })
        },
        // 删除订单
        deleteItem(item) {
            this.orderList.splice(item, 1)
        },
        // 联系用户
        callUser(item) {
            console.log(item)
            this.$message({
                type:'success',
                message:'联系客户：' + item.phone
            })
        }
    }
}
</script>
```

上面的代码中并没有特别复杂的逻辑，且每个方法的功能都有注释。运行工程，效果如图15-5所示。现在我们已经完成了订单模块前端开发完整的功能，可以尝试操作体验一下订单管理的各个功能，需要数据都是模拟的，但交互流程已经非常完整。

图 15-5　订单管理功能模块

15.4 商品管理模块的开发

有了订单模块开发的经验,相信你再来编写商品管理功能模块会非常容易。商品管理模块与订单管理模块的开发过程基本类似,先布局页面,再将获取到的数据绑定到页面上,最后处理用户交互即可。相比订单管理模块,商品管理模块的新增商品功能略微复杂一些。

15.4.1 商品管理列表页的开发

首先,在工程的components文件夹下新建一个good子文件夹,在其中创建两个Vue组件文件,分别命名为Goods.vue和AddGood.vue。本节先只做商品列表页的开发,对于AddGood.vue文件可以先不做处理。

在Router.js文件中注册新创建的这两个组件,首先引入组件:

```
import Goods from '../components/goods/Goods.vue'
import AddGood from '../components/goods/AddGood.vue'
```

在home路由下新增两个子路由:

```
{
    path:'goods/:type',// 0是普通商品,1是秒杀商品,2是今日推荐
    component:Goods,
    name:"Goods"
},
{
    path:'addGood/:type',// 0是普通商品,1是秒杀商品,2是今日推荐
    component:AddGood,
    name:"AddGood"
}
```

在开始编写商品管理功能模块的代码前,先在Mock.js文件中新增一个获取商品数据的方法,代码如下:

```
// 模拟获取商品数据
// type:商品类型,1为普通订单,2为秒杀订单,3为今日推荐
getGoods(type) {
    let array = [];
    for (let i = 0; i < mockjs.Random.integer(5,10); i ++) {
        array.push(mockjs.mock({
            'name':(type == 0 ? '普通商品 ' : type == 1 ? "秒杀商品":"今日推荐") + i,
            'img':mockjs.Random.dataImage('60x100', '商品示例图'),
            'price':mockjs.Random.integer(20,500) + '元',
            'sellCount':mockjs.Random.integer(10,100),
            'count':mockjs.Random.integer(10,100),
            'back':mockjs.Random.integer(10,100),
```

```
            'backPrice':mockjs.Random.integer(0,5000) + '元',
            'owner':mockjs.Random.cname(),
            'time':mockjs.Random.datetime('yyyy-MM-dd A HH:mm:ss'),
            'state':mockjs.Random.boolean()
        }))
    }
    return array;
}
```

下面给出完整的商品列表页面Goods.vue中的代码。

```
<template>
    <div class="content-container" direction="vertical">
        <!-- input -->
        <div>
            <el-container class="content-row">
                <div class="input-tip">
                    商品名称:
                </div>
                <div class="input-field">
                    <el-input v-model="queryParams.name"></el-input>
                </div>
                <div class="input-tip">
                    商品编号:
                </div>
                <div class="input-field">
                    <el-input v-model="queryParams.id"></el-input>
                </div>
                <div class="input-tip">
                    商品分类:
                </div>
                <div class="input-field">
                    <el-select v-model="queryParams.category" placeholder="请选择分类">
                        <el-option v-for="item in categories" :key="item" :label="item" :value="item">
                        </el-option>
                    </el-select>
                </div>
            </el-container>
            <el-container class="content-row">
                <div class="input-tip">
                    是否上架:
                </div>
                <div class="input-field">
                    <el-select v-model="sellModeString">
                        <el-option key="0" label="否" :value="0"></el-option>
                        <el-option key="1" label="是" :value="1"></el-option>
                        <el-option key="2" label="全部" :value="2"></el-option>
                    </el-select>
                </div>
```

```html
                <div class="input-tip">
                    是否过期：
                </div>
                <div class="input-field">
                    <el-select v-model="expModeString">
                        <el-option key="0" label="否" :value="0"></el-option>
                        <el-option key="1" label="是" :value="1"></el-option>
                        <el-option key="2" label="全部" :value="2"></el-option>
                    </el-select>
                </div>
            </el-container>
        </div>
        <!-- button -->
        <div class="content-row">
            <el-container>
                <el-button type="primary" @click="requestData">检索</el-button>
                <el-button type="primary" @click="clear">显示全部</el-button>
                <el-button type="success" @click="addGood">新增商品</el-button>
            </el-container>
        </div>
        <!-- list -->
        <div>
            <el-table
            :data="goodsData"
            tooltip-effect="dark"
            style="width: 100%">
                <el-table-column
                label="商品"
                width="100">
                    <template #default="scope">
                        <div style="text-align:center"><el-image :src="scope.row.img" style="width: 60px; height: 100px"/></div>
                        <div style="text-align:center">{{scope.row.name}}</div>
                    </template>
                </el-table-column>
                <el-table-column
                label="价格"
                width="100"
                prop="price">
                </el-table-column>
                <el-table-column
                label="销量"
                width="100"
                prop="sellCount">
                </el-table-column>
                <el-table-column
                label="库存"
                width="100"
                prop="count">
                </el-table-column>
```

```html
            <el-table-column
            label="退款数量"
            width="100"
            prop="back">
            </el-table-column>
            <el-table-column
            label="退款金额"
            width="100"
            prop="backPrice">
            </el-table-column>
            <el-table-column
            label="操作"
            width="100"
            prop="name">
                <template #default="scope">
                    <el-button @click="operate(scope.row)": type="scope.row.state ? 'danger':'success'">{{scope.row.state ? '下架':'上架'}}</el-button>
                </template>
            </el-table-column>
            <el-table-column
            label="管理员"
            width="100"
            prop="owner">
            </el-table-column>
            <el-table-column
            label="更新时间"
            width="200"
            prop="time">
            </el-table-column>
        </el-table>
      </div>
    </div>
</template>
<script>
import Mock from '../../mock/Mock'
export default {
    data() {
        return {
            goodsData:[],
            // 模拟分类数据
            categories:[
                "全部",
                "男装",
                "女装"
            ],
            queryParams:{
                name:"",
                id:"",
                category:"",
```

```js
                sellMode:2, //0 否 1是 2全部
                expMode:2,
            }
        },
        computed: {
            sellModeString: {
                get() {
                    if (this.queryParams.sellMode == 2) {
                        return '全部'
                    }
                    return this.queryParams.sellMode == 0 ? '否' : '是'
                },
                set(val) {
                    this.queryParams.sellMode = val
                }
            },
            expModeString: {
                get() {
                    if (this.queryParams.expMode == 2) {
                        return '全部'
                    }
                    return this.queryParams.expMode == 0 ? '否' : '是'
                },
                set(val) {
                    this.queryParams.expMode = val
                }
            }

        },
        // 组件挂载时获取数据
        mounted () {
            this.goodsData = Mock.getGoods(this.$route.params.type);
        },
        // 路由更新时刷新数据
        beforeRouteUpdate (to) {
            this.goodsData = Mock.getGoods(to.params.type);
        },
        methods: {
            // 获取数据的方法
            requestData() {
                this.$message({
                    type:'success',
                    message:'筛选请求参数：' + JSON.stringify(this.queryParams)
                })
                this.goodsData = Mock.getGoods(this.$route.params.type);
            },
            // 进行上架下架操作
            operate(item) {
                item.state = !item.state;
```

```
        },
        // 清空筛选项
        clear() {
            this.queryParams = {
                name:"",
                id:"",
                category:"",
                sellMode:2,
                expMode:2,
            }
            this.goodsData = Mock.getGoods(this.$route.params.type);
        },
        // 新增商品
        addGood() {
this.$router.push({name:'AddGood',params:{type:this.$route.params.type}})
        }
    }
}
</script>
```

此页面没有过多的交互逻辑，需要注意的是，如果数据本身无法直接支持页面的渲染，需要转换后才能使用，我们可以通过创建新的计算属性来实现。运行当前工程，商品列表页面如图15-6所示。可以尝试单击页面中的交互元素检验对应方法的执行是否正确。

图 15-6　商品管理页面

15.4.2 新建商品的基础配置

在商品管理列表页有一个新建商品的按钮，单击后会跳转到新建商品页面，在此页面需要对商品的诸多属性进行设置，可以使用el-tab组件来将商品设置分成几个模块，如基础设置、价格库存设置和详情设置等。每一个设置模块都可以封装成一个独立的组件。

首先，在工程的 goods 文件夹下新建一些文件，分别为 GoodBaseSetting.vue、GoodPriceSetting.vue 和 GoodDetailSetting.vue。在 AddGood.vue 中引入这 3 个子组件即可。在 AddGood.vue 中编写如下代码：

```
<template>
    <div class="content-container" direction="vertical">
        <el-tabs v-model="activeTab" type="card" @tab-click="handleClick">
            <el-tab-pane label="基础设置" name="1">
                <base-setting></base-setting>
            </el-tab-pane>
            <el-tab-pane label="价格库存" name="2">
                <price-setting></price-setting>
            </el-tab-pane>
            <el-tab-pane label="商品详情" name="3">
                <detail-setting></detail-setting>
            </el-tab-pane>
    </el-tabs>
    </div>
</template>
<script>
import GoodBaseSetting from './GoodBaseSetting.vue'
import GoodPriceSetting from './GoodPriceSetting.vue'
import GoodDetailtSetting from './GoodDetailSetting.vue'

export default {
    data() {
        return {
            activeTab:"1"
        }
    },
    components:{
        BaseSetting:GoodBaseSetting,
        PriceSetting:GoodPriceSetting,
        DetailSetting:GoodDetailtSetting
    }
}
</script>
```

下面需要逐一对每个独立的商品设置模块进行开发。首先编写GoodBaseSetting组件的代码如下：

```
<template>
    <div>
        <el-container class="content-row">
            <div class="input-tip">商品名称:</div>
            <div class="input-field">
                <el-input v-model="queryParams.name"></el-input>
            </div>
        </el-container>
        <el-container class="content-row">
```

```html
            <div class="input-tip">商品简介:</div>
            <div class="input-field">
                <el-input type="textarea" :rows="3" v-model="queryParams.desc"></el-input>
            </div>
        </el-container>
        <el-container class="content-row">
            <div class="input-tip">商品封面:</div>
            <el-upload :auto-upload="false" :limit="1" list-type="picture-card">
                <i class="el-icon-plus"></i>
            </el-upload>
        </el-container>
        <el-container class="content-row">
            <div class="input-tip">列表图片:</div>
            <el-upload :auto-upload="false" :limit="5" list-type="picture-card">
                <i class="el-icon-plus"></i>
            </el-upload>
        </el-container>
        <el-container class="content-row">
            <div class="input-tip">上架日期:</div>
            <div class="input-field">
                <el-date-picker type="daterange" range-separator="至" start-placeholder="开始日期" end-placeholder="结束日期" v-model="queryParams.timeRange">
                </el-date-picker>
            </div>
        </el-container>
        <el-container class="content-row">
            <div class="input-tip">商品分类:</div>
            <div class="input-field">
                <el-select v-model="queryParams.category">
                    <el-option key="0" label="男装" :value="0"></el-option>
                    <el-option key="1" label="男鞋" :value="1"></el-option>
                    <el-option key="2" label="围巾" :value="2"></el-option>
                </el-select>
            </div>
            <div style="margin-top:6px">
                <el-button type="primary" size="mini" round>添加分类</el-button>
            </div>
        </el-container>
        <el-container class="content-row">
            <el-button type="success" plain @click="submit">提交</el-button>
            <div style="margin-left:40px"></div>
            <el-button type="warning" plain @click="cancel">取消</el-button>
        </el-container>
    </div>
</template>
<script>
```

```
export default {
    data() {
        return {
            queryParams:{
                name:"",
                desc:"",
                timeRange:"",
                category:0
            }
        }
    },
    methods: {
        cancel() {
            this.$router.go(-1)
        },
        submit() {
            this.$message({
                type:'success',
                message:'设置商品基本属性: ' + JSON.stringify(this.queryParams)
            })
        }
    }
}
</script>
```

运行上面的代码,效果如图15-7所示。

图 15-7　新建商品的基础设置功能

15.4.3　新建商品的价格和库存配置

价格和库存配置模块相对简单,只需要布局一些输入框来接收用户的输入配置即可。在 GoodPriceSetting.vue中编写如下代码:

```
<template>
```

```html
<div>
    <div class="title">
        <div style="line-height:35px;margin-left:20px">价格设置</div>
    </div>
    <el-container class="content-row">
        <div class="input-tip">市场价:</div>
        <div class="input-field">
            <el-input v-model="queryParams.maketPrice"></el-input>
        </div>
    </el-container>
    <el-container class="content-row">
        <div class="input-tip">展示价:</div>
        <div class="input-field">
            <el-input v-model="queryParams.showPrice"></el-input>
        </div>
    </el-container>
    <el-container class="content-row">
        <div class="input-tip">积分数:</div>
        <div class="input-field">
            <el-input v-model="queryParams.coin"></el-input>
        </div>
    </el-container>
    <el-container class="content-row">
        <div class="input-tip">成本价:</div>
        <div class="input-field">
            <el-input v-model="queryParams.price"></el-input>
        </div>
    </el-container>
    <el-container class="content-row">
        <div class="input-tip">限购数:</div>
        <div class="input-field">
            <el-input v-model="queryParams.limit"></el-input>
        </div>
    </el-container>
    <div class="title">
        <div style="line-height:35px;margin-left:20px">库存设置</div>
    </div>
    <el-container class="content-row">
        <div class="input-tip">库存数量:</div>
        <div class="input-field">
            <el-input v-model="queryParams.count"></el-input>
        </div>
    </el-container>
    <el-container class="content-row">
        <div class="input-tip">基础销量:</div>
        <div class="input-field">
            <el-input v-model="queryParams.sellCount"></el-input>
        </div>
    </el-container>
    <el-container class="content-row">
```

```html
            <div class="input-tip">浏览数量:</div>
            <div class="input-field">
                <el-input v-model="queryParams.viewCount"></el-input>
            </div>
        </el-container>
        <el-container class="content-row">
            <el-button type="success" plain @click="submit">提交</el-button>
            <div style="margin-left:40px"></div>
            <el-button type="warning" plain @click="cancel">取消</el-button>
        </el-container>
    </div>
</template>
<script>
export default {
    data () {
        return {
            queryParams: {
                maketPrice:0,
                showPrice:0,
                coin:0,
                price:0,
                limit:0,
                count:0,
                sellCount:0,
                viewCount:0
            }
        }
    },
    methods: {
        cancel(){
            this.$router.go(-1);
        },
        submit() {
            this.$message({
                type:'success',
                message:'设置价格与库存: ' + JSON.stringify(this.queryParams)
            })
        }
    }
}
</script>
<style scoped>
.title {
    background-color:#e1e1e1;
    height: 35px;
    margin-bottom: 15px;
}
</style>
```

运行代码，效果如图15-8所示。

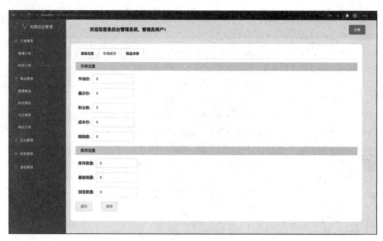

图 15-8 新建商品的价格和库存设置

15.4.4 新建商品的详情设置

商品的详情定制性较强，通常在上架添加商品时进行定制化的设置。商品详情可以采用富文本编辑器来进行编辑。富文本编辑器可以提供将富文本转换成HTML文本的功能，使用起来十分方便。虽然看上去一款富文本编辑器支持各种样式的文本、图片、超链接等功能，实现比较复杂，但是互联网上有很多优秀的富文本插件可以直接使用，无须我们重复开发。

首先，在Vue工程目录下执行如下指令安装wangEditor富文本编辑器插件：

```
npm i wangeditor -S
```

安装成功后，在goods文件夹下新建一个名为GoodEdit.vue的文件，在其中编写如下代码：

```
<template>
  <div id="wangeditor">
    <div ref="editorElem" style="text-align:left;"></div>
  </div>
</template>
<script>
import E from "wangeditor";
export default {
  name: "Editor",
  data() {
    return {
      editor: null,
      editorContent: ''
    };
  },
  mounted() {
    this.editor = new E(this.$refs.editorElem);
    // 编辑器的事件，每次改变会获取其HTML内容
    this.editor.config.onchange = this.contentChange
    this.editor.config.menus = [
```

```js
        // 菜单配置
        'head',             // 标题
        'bold',             // 粗体
        'fontSize',         // 字号
        'fontName',         // 字体
        'italic',           // 斜体
        'underline',        // 下画线
        'strikeThrough',    // 删除线
        'foreColor',        // 文字颜色
        'backColor',        // 背景颜色
        'link',             // 插入链接
        'list',             // 列表
        'justify',          // 对齐方式
        'quote',            // 引用
        'emoticon',         // 表情
        'image',            // 插入图片
        'table',            // 表格
        'code',             // 插入代码
        'undo',             // 撤销
        'redo'              // 重复
      ];
      this.editor.create();  // 创建富文本实例
    },
    methods: {
      contentChange(html) {
        this.editorContent = html;
        this.$emit('contentChange', this.editorContent);
      }
    }
  }
</script>
```

上面的代码有着详细的注释，通过一些简单的配置即可使用此富文本组件，修改GoodDetailSetting.vue文件的代码如下：

```html
<template>
    <div style="margin-bottom:20px">
        <good-edit @contentChange="contentChange"></good-edit>
    </div>
    <el-container class="content-row">
        <el-button type="success" plain @click="submit">提交</el-button>
        <div style="margin-left:40px"></div>
        <el-button type="warning" plain @click="cancel">取消</el-button>
    </el-container>
</template>
<script>
import GoodEdit from './GoodEdit.vue'
export default {
    data() {
        return {
            content:""
```

```
            }
        },
        components: {
            GoodEdit:GoodEdit
        },
        methods: {
            contentChange(content) {
                this.content = content;
            },
            cancel() {
                this.$router.go(-1)
            },
            submit() {
                this.$message({
                    type:'success',
                    message:'设置详情HTML: ' + this.content
                })
            }
        }
    }
</script>
```

运行代码,商品详情编辑页如图15-9所示。

图 15-9　商品详情编辑页示例

15.4.5　添加商品分类

商品分类管理模块相对简单,只需要通过一个列表来展示已有的分类,并提供对应的删除和新增分类功能。在goods文件夹下新建一个名为GoodCategory.vue的文件,编写如下示例代码:

```
<template>
    <div class="content-container" direction="vertical">
        <el-container class="content-row">
            <el-button type="primary" @click="addCategory">添加分类</el-button>
        </el-container>
```

```html
            <div>
                <el-table :data="categoryList" tooltip-effect="dark" style="width: 100%">
                    <el-table-column label="分类ID" width="100" prop="id"></el-table-column>
                    <el-table-column label="分类名称" width="100" prop="name"></el-table-column>
                    <el-table-column label="分类负责人" width="500" prop="manager"></el-table-column>
                    <el-table-column label="操作" width="200" prop="time">
                        <template #default="scope">
                            <el-button size="mini" @click="deleteCategory(scope.$index)">删除</el-button>
                        </template>
                    </el-table-column>
                </el-table>
            </div>
        </div>
    </template>
    <script>
    export default {
        data() {
            return {
                categoryList:[
                    {id:1231, name:"男装", manager:"管理员用户01"},
                    {id:1131, name:"男鞋", manager:"管理员用户01"},
                    {id:1031, name:"帽子", manager:"管理员用户01"}
                ]
            }
        },
        methods: {
            deleteCategory(index) {
                this.categoryList.splice(index,1)
            },
            addCategory() {
                this.$prompt('请输入分类名','新增分类',{
                    confirmButtonText: '确定',
                    cancelButtonText: '取消',
                }).then(({value})=>{
                    this.categoryList.push({
                        id:1000,
                        name:value,
                        manager:"管理员用户01"
                    })
                });
            }
        }
    }
    </script>
```

运行代码，效果如图15-10所示。不要忘记在Router.js中补充对应的路由配置，并且为新增商品模块中的新增分类添加对应的跳转功能。

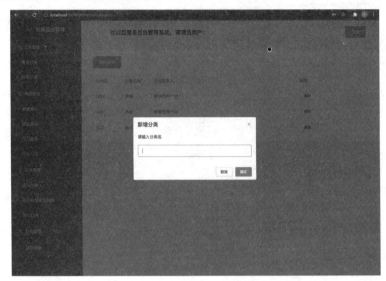

图 15-10　分类管理页面示例

15.5　店长管理模块的开发

店长管理模块用来对店长进行统计、审核等操作，技术上都是通过列表来展示店长相关信息，通过检索条件来与后端数据接口交互进行数据获取。开发此模块在技术上并没有太大的难度。

15.5.1　店长列表的开发

首先在工程的components文件夹下新建一个名为manager的子文件夹，用来存放店长管理的相关组件。在manager文件夹下新建3个文件，命名为ManagerList.vue、ManagerOrder.vue和ManagerReqList.vue。

我们先来编写店长列表模块的开发。首先在Mock.js中添加一个新的方法，用来模拟店长数据：

```
getManagerList() {
    let array = [];
    for (let i = 0; i < mockjs.Random.integer(5,10); i ++) {
        array.push(mockjs.mock({
            'people':mockjs.Random.csentence(),
            'weixin':mockjs.Random.string(7, 10),
            'state':mockjs.Random.boolean(),
            'income':mockjs.Random.integer(0,500000) + '元',
            'back':mockjs.Random.integer(0,1000) + '元',
            'backPrice':mockjs.Random.integer(0,5000) + '元',
            'source':'站内',
```

```
            'customer':mockjs.Random.integer(0,50),
            'time':mockjs.Random.datetime('yyyy-MM-dd A HH:mm:ss'),
        }))
    }
    return array;
}
```

将新建的3个组件注册到对应的路由中,在Router.js文件中添加如下路由配置:

```
{
    path:'ownerlist',
    component:ManagerList,
    name:'ManagerList'
},
{
    path:'ownerreq',
    component:ManagerReqList,
    name:'ManagerReqList'

},
{
    path:'ownerorder',
    component:ManagerOrder,
    name:'ManagerOrder'
}
```

编写ManagerList.vue组件的代码如下:

```
<template>
    <div class="content-container" direction="vertical">
        <div>
            <el-container class="content-row">
                <div class="input-tip">店长手机:</div>
                <div class="input-field">
                    <el-input v-model="queryParams.phone"></el-input>
                </div>
                <div class="input-tip">店长昵称:</div>
                <div class="input-field">
                    <el-input v-model="queryParams.name"></el-input>
                </div>
                <div class="input-tip">店长状态:</div>
                <div class="input-field">
                    <el-select v-model="queryParams.state" placeholder="请选择">
                        <el-option key="1" label="后台开通" value="1"></el-option>
                        <el-option key="2" label="站外申请" value="2"></el-option>
                    </el-select>
                </div>
            </el-container>
            <el-container class="content-row">
                <el-button type="primary" @click="search">搜索</el-button>
```

```
                    <el-button type="primary" @click="clear">清空搜索条件
</el-button>
                </el-container>
            </div>
            <div>
                <el-table
                    :data="managerList"
                    tooltip-effect="dark"
                    style="width: 100%">
                    <el-table-column label="分销人信息" width="200"
prop="people"></el-table-column>
                    <el-table-column label="微信信息" width="150"
prop="weixin"></el-table-column>
                    <el-table-column label="状态" width="100">
                        <template #default="scope">
                            <el-tag :type="scope.row.state ? 'success' :
''">{{scope.row.state ? '激活' : '审核中'}}</el-tag>
                        </template>
                    </el-table-column>
                    <el-table-column label="收入总额" width="100"
prop="income"></el-table-column>
                    <el-table-column label="退款" width="100"
prop="back"></el-table-column>
                    <el-table-column label="来源" width="100">
                        <template #default="scope">
                            <el-tag>{{scope.row.source}}</el-tag>
                        </template>
                    </el-table-column>
                    <el-table-column label="客户数" width="100"
prop="customer"></el-table-column>
                    <el-table-column label="更新时间" width="200"
prop="time"></el-table-column>
                </el-table>
            </div>
        </div>
    </template>
    <script>
    import Mock from '../../mock/Mock'
    export default {
        data() {
            return {
                queryParams:{phone:"", name:"", state:""},
                managerList:[]
            }
        },
        mounted() {
            this.managerList = Mock.getManagerList()
        },
        methods: {
            search() {
```

```
            this.$message({type:'success', message:'请求参数：' +
JSON.stringify(this.queryParams)
            });
            this.managerList = Mock.getManagerList();
        },
        clear() {
            this.queryParams = {phone:"", name:"", state:""};
            this.managerList = Mock.getManagerList();
        }
    }
}
</script>
```

运行代码，效果如图15-11所示。

图 15-11　店长管理页面示例

15.5.2　店长审批列表与店长订单

通过前面几个功能模块的开发，相信你对开发后台管理相关的商业项目已经非常熟悉，完善店长审批列表页面和店长订单页面非常容易，这两个功能页面在技术上没有特别的要求。本节我们不再完整地提供示例代码，在本书附带的资料里有此电商项目的完整代码可供读者参考。

下面给出店长审批列表页面和店长订单页面的效果图，如图15-12与图15-13所示。

图 15-12　店长审批列表示例

图 15-13　店长订单列表示例

15.6　财务管理与数据统计功能模块开发

订单管理、商品管理和店长管理是电商后台管理系统中最为重要的功能模块。财务明细模块主要用来统计收入与支出，将数据使用列表进行展示即可。基础管理模块中提供了整体的数据统计功能，可以使用开源的图表模块来实现。

15.6.1　交易明细与财务对账单

交易明细与财务对账单都是简单的列表页面，由于篇幅限制，详细的代码这里不再提供，本书的附加资料中提供了本项目完整的代码可供读者参考。这里只展示页面最终的样式，如图15-14与图15-15所示。

图 15-14　交易明细页面示例

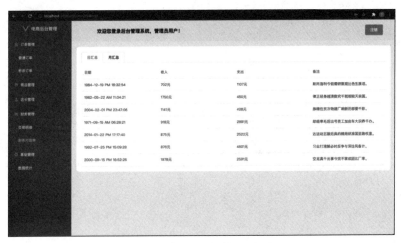

图 15-15　财务对账单页面示例

15.6.2　数据统计模块的开发

数据统计模块是此电商后台管理系统的最后一个功能模块，此模块需要使用一个图表绘制的工具，可以使用echarts模块方便地实现图表绘制。首先在工程根目录下执行如下指令来安装echarts：

```
npm install echarts --save
```

安装完成后，在工程中的financial文件夹下新建一个名为Charts.vue的文件，编写如下代码：

```
<template>
    <div ref="chart"></div>
</template>
<script>
import * as echarts from 'echarts';
```

```
export default {
    props:['xData','data'],
    watch: {
        xData(){
            this.refresh()
        },
        data() {
            this.refresh()
        }
    },
    mounted() {
        this.refresh()
    },
    methods: {
        refresh() {
            let chart = echarts.init(this.$refs.chart);
            chart.clear()
            chart.setOption({
                xAxis:{
                    data:this.xData
                },
                yAxis: {
                    type: 'value'
                },
                series:{
                    name:this.name,
                    type:'line',
                    data:this.data
                }
            });
        }
    }
}
</script>
```

Charts是我们自定义的一个图表组件，再在financial文件夹下新建一个名为DataCom.vue的文件，进行常规的路由配置后，在其中编写如下代码：

```
<template>
    <div class="content-container" direction="vertical">
        <el-container class="content-row">
            <div class="info">总交易额：{{this.data.allTra}}</div>
            <div class="info">秒杀交易额：{{this.data.speTra}}</div>
            <div class="info">普通商品交易额：{{this.data.norTra}}</div>
            <div class="info">累计用户数：{{this.data.userCount}}</div>
            <div class="info">分销总用户数：{{this.data.managerCount}}</div>
        </el-container>
        <el-container class="content-row">
            <el-radio-group @change="changeType" v-model="type">
                <el-radio-button label="总交易额"></el-radio-button>
                <el-radio-button label="商品交易额"></el-radio-button>
```

```html
            <el-radio-button label="新用户销量"></el-radio-button>
            <el-radio-button label="方可转化率"></el-radio-button>
            <el-radio-button label="下单转化率"></el-radio-button>
            <el-radio-button label="付款转化率"></el-radio-button>
            <el-radio-button label="流水"></el-radio-button>
        </el-radio-group>
</el-container>
<charts id="charts" :xData="xData" :data="chartsData"></charts>
<div class="realTime">
    <div class="info">
        实时数据-更新时间：{{data.time}}
    </div>
    <el-container class="content-row">
        <div class="block">
            <div class="title">付款金额：10000</div>
            <div class="subTitle">当日：1900</div>
            <div class="subTitle">昨日：1020</div>
        </div>
        <div class="block">
            <div class="title">支付订单数：1000</div>
            <div class="subTitle">当日：100</div>
            <div class="subTitle">昨日：130</div>
        </div>
        <div class="block">
            <div class="title">付款人数：503</div>
            <div class="subTitle">当日：102</div>
            <div class="subTitle">昨日：300</div>
        </div>
        <div class="block">
            <div class="title">付款转换率：70</div>
            <div class="subTitle">当日：50</div>
            <div class="subTitle">昨日：70</div>
        </div>
    </el-container>
    <el-container class="content-row">
        <div class="block">
            <div class="title">访客数：105310</div>
            <div class="subTitle">当日：10310</div>
            <div class="subTitle">昨日：20032</div>
        </div>
        <div class="block">
            <div class="title">访问次数：1022440</div>
            <div class="subTitle">当日：101230</div>
            <div class="subTitle">昨日：1022120</div>
        </div>
        <div class="block">
            <div class="title">新增用户：500</div>
            <div class="subTitle">当日：300</div>
            <div class="subTitle">昨日：200</div>
        </div>
```

```html
                <div class="block">
                    <div class="title">累计用户：1542200</div>
                    <div class="subTitle">当日：154220</div>
                    <div class="subTitle">昨日：154200</div>
                </div>
            </el-container>
        </div>
    </div>
</template>
<script>
import Charts from './Charts.vue'
import Mock from '../../mock/Mock'
export default {
    data() {
        return {
            xData:["8月1日","8月2日","8月3日","8月4日","8月5日","8月6日"],
            chartsData:[],
            name:"销量",
            type:"总交易额",
            data:{}
        }
    },
    components:{
        Charts:Charts
    },
    mounted() {
        this.chartsData = Mock.getChartsData()
        this.data = Mock.getTradeData()
    },
    methods: {
        changeType() {
            this.chartsData = Mock.getChartsData()
        }
    }
}
</script>
<style scoped>
  #charts {
    width: 1200px;
    height: 400px;
  }
  .info {
    margin: 15px 40px;
    font-size: 20px;
    color:#777777;
  }
  .realTime {
    border: #777777 solid 1px;
    width: 1200px;
    height: 300px;
```

```
    }
    .block {
        margin: auto;
        width:300px;
        padding: 10px 30px;
    }
    .title {
        font-size: 20px;
        color:#777777;
        margin-bottom: 5px;
    }
    .subTitle {
        font-size: 18px;
        color: #777777;
        margin-top: 3px;
    }
</style>
```

现在，我们还需要一些模拟数据的支持，在Mock.js文件中添加两个新的数据模拟方法，代码如下：

```
getChartsData() {
    let array = [];
    for (let i = 0; i < 6; i ++) {
        array.push(mockjs.Random.integer(0,100))
    }
    return array;
},
getTradeData() {
    return mockjs.mock({
        'allTra':mockjs.Random.integer(10000,50000),
        'speTra':mockjs.Random.integer(0,5000),
        'norTra':mockjs.Random.integer(0,5000),
        'userCount':mockjs.Random.integer(0,1000),
        'managerCount':mockjs.Random.integer(0,100),
        'time':mockjs.Random.datetime('yyyy-MM-dd A HH:mm:ss'),
    })
}
```

运行代码，效果如图15-16所示。

至此，我们已经使用Vue完成了一个完整的电商后台管理系统。此项目虽然略微复杂了一些，但是可以帮助你积累一些宝贵的实践经验。在动手实现的过程中遇到任何问题，都可以参考本书附带资料中的代码资源。也可以从如下地址找到完整的项目代码：

https://gitee.com/jaki/shop-admin

读者也可以访问如下网址直接体验项目成果：

http://jaki.gitee.io/shop-admin/

图 15-16　数据统计页面示例

15.7　小结与练习

本章完成了一款较大型的、完整的电商后台项目。相信通过此项目的练习，你已经具备使用 Vue 开发完整商业项目的能力。然而，学习之路任重道远，只有通过不断地实践练习，才能真正掌握 Vue 项目开发方方面面的技能。对于感兴趣的读者，可以找一些目前流行的大型互联网 Web 项目进行模仿练习。

练习：本章实现的电商网站虽然比较完整，但是定制性很差，你能否将其功能做成配置化的？尝试重构此项目，让其更加灵活易用。

温馨提示：提高灵活性的关键是解耦，尝试从某些耦合严重的模块下手重构。